ENVIRONMENT
D E S I G N

建筑·设计·民族 教育改革丛书

环境设计优秀学生作品集

李刚 肖洲 许娟 王海东 编著

清华大学出版社
北京

图书在版编目（CIP）数据

环境设计优秀学生作品集 / 李刚等编著. — 北京：清华大学出版社, 2019.12
(建筑 · 设计 · 民族 教育改革丛书)
ISBN 978-7-302-52449-6

Ⅰ. ①环… Ⅱ. ①李… Ⅲ. ①环境设计－作品集－中国－现代 Ⅳ. ①TU-856

中国版本图书馆CIP数据核字(2019)第043593号

责任编辑：刘一琳
装帧设计：陈国熙
责任校对：赵丽敏
责任印制：杨 艳

出版发行：清华大学出版社
网 址：http://www.tup.com.cn，http://www.wqbook.com
地 址：北京清华大学学研大厦A座　邮 编：100084
社 总 机：010-62770175　邮 购：010-62786544
投稿与读者服务：010-62776969，c-service@tup.tsinghua.edu.cn
质量反馈：010-62772015，zhiliang@tup.tsinghua.edu.cn
印 装 者：北京博海升彩色印刷有限公司
经 销：全国新华书店
开 本：210mm×285mm　印 张：6.75　字 数：181 千字
版 次：2019 年 12 月第 1 版　印 次：2019 年 12 月第 1 次印刷
定 价：76.00 元

产品编号：078828-01

前言
PREFACE

从跨进校门到成为一名专业设计师之前，每位同学都必然会经历一段或青涩、或豪放、或纠结的专业学习之旅，这是青春的活力与所有的能量倾注的四年光景，从设计素描到毕业创作，最终凝练成一件件饱含心血的艺术作品。尤其是当中的佼佼者，其特色的设计主张、理念、个性，都已印刻在当时的作品中，这些习作往往能够跨越时代，透过漫长的记忆，留下的是一位位出色的设计师起步的足迹。

西南民族大学城市规划与建筑学院是四川省内较早开办环境艺术设计的院校，环境艺术设计系的人才培养历来坚持服务地方经济建设需要与学科发展前沿趋势相结合的办学理念，训练结合实践是贯穿基础课程习作到毕业设计创作整个教学过程，它是体现专业办学实力与特色的最佳载体，是衡量学生综合素质与能力的最佳途径。

本册汇集了西南民族大学城市规划与建筑学院环境艺术设计系近年来本科同学的优秀作品，虽然这些作品还显稚嫩，但都能清晰地看出学生们各自的构思和研究方式，每件作品都是环境艺术设计系近年来深化教学改革的展现，是教学成果的结晶。因此，将这些珍贵的优秀作品汇集成册，不仅是对过去教学改革与实践的总结，更是一种鞭策，通过总结经验提高认识，形成良好的办学氛围和谋求专业新的发展，是一件对学生、对学校、对社会皆有益的事情。

西南民族大学城市规划与建筑学院　环境设计系

李刚

注明：本书收录了大量学生作业及展板，由于原文件尺寸较大，缩小后对文字的清晰度略有影响，但不影响本书的可读性，为保证内容的完整，均作保留。学生作业及展板中的文字内容仅作参考。

目录
CONTENTS

01

比赛获奖作品

AWARD-WINNING WORKS

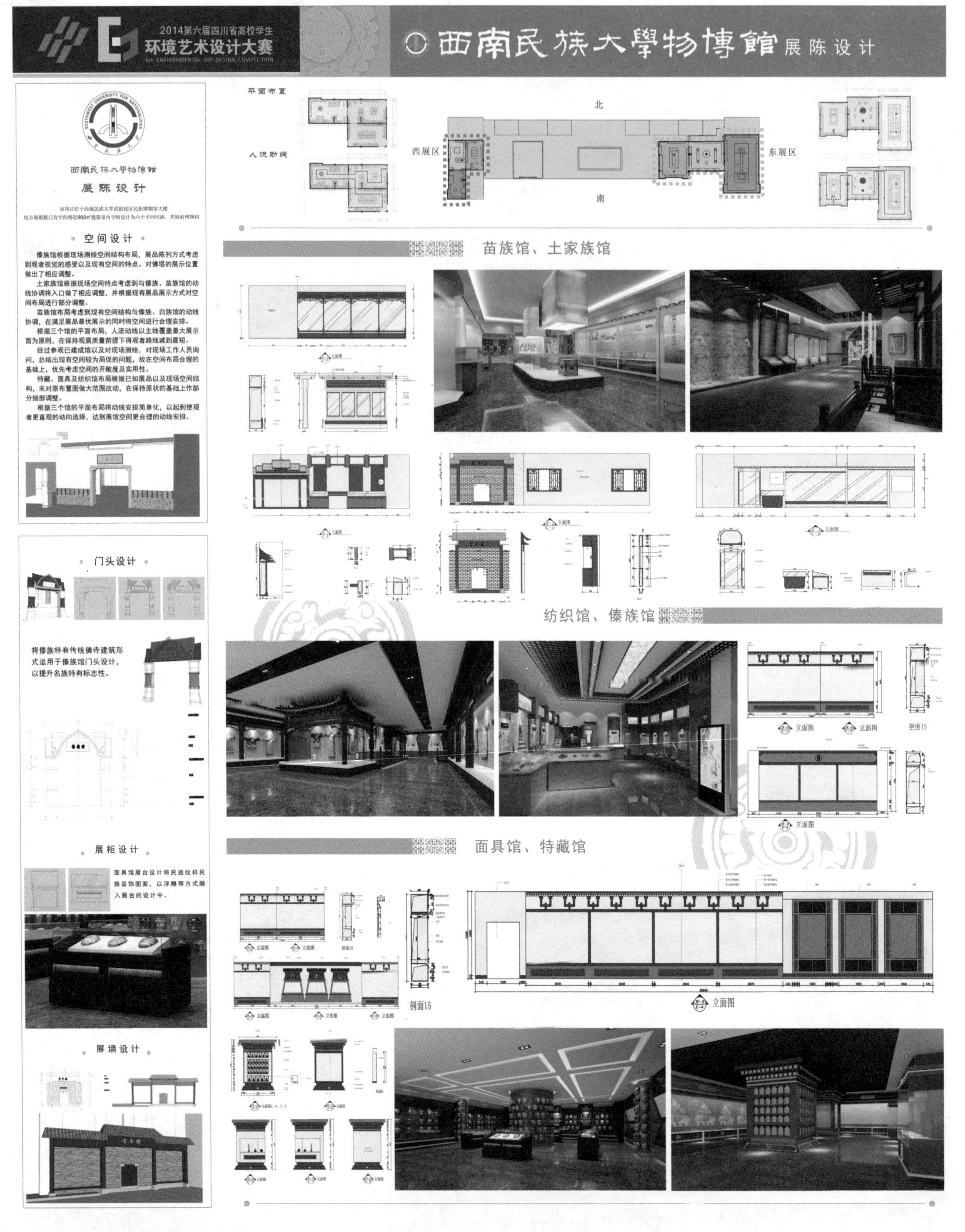

第六届四川省高校学生环境艺术设计大赛　　一等奖

作品名：西南民族大学博物馆展陈设计

学生姓名：韩立铎 田野

指导老师：李刚

2014第六届四川省高校学生环境艺术设计大赛

西南民族大學

红原县青藏高原研发基地

科技文化博览中心

展陳設計

场地分析

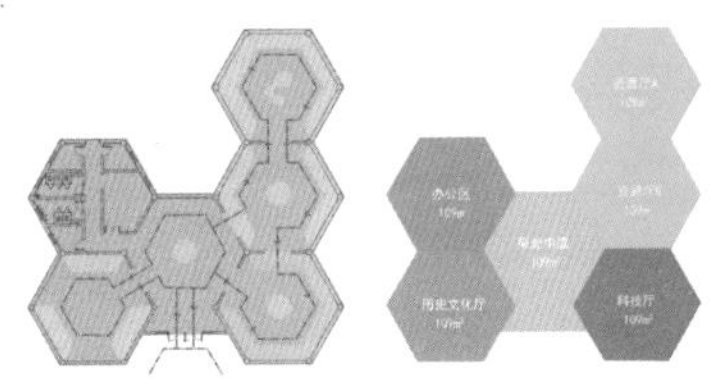

展品布置

建筑面积：801m²

展馆展示使用面积：436m²

历史文化厅：109m²

资源厅A：109m²

资源厅B：109m²

科技厅：109m²

其他使用面积：218m²

办公空间：109m²

采光中庭：109m²

植物资源

内容：有代表性的珍贵植物（包括牧草）

展物：图片、标本等

动物资源

内容：代表性动物、高原家畜

展物：图片、标本、视频等

民族医药

内容：青藏高原特有药用植物种植资源

展物：图片、标本医疗用品等

动物疫病防控

内容：疫病防控相关成果

展物：图片、视频等

民族医学

内容：彝羌药医药学理论、著作；藏彝羌特色疗法及工具；药材引种；标本制作；研究成果

展物：图片、视频、实物、标本等

畜牧生产

内容：牦牛、藏绵羊杂交改良；牦牛、藏绵羊新品种选育；饲草料加工、冷季补饲与暖季育肥；高原家禽分子遗传研究

展物：图片、视频、实物、标本等

生态保护

内容：沙化成因及治理；湿地退化成因及治理；草地退化及治理；鼠、虫害防治；生态畜牧业；优良牧草引种；优良牧草新品种创新选育；高原牧草

展物：图片、视频、实物、标本等

食品加工

内容：食品加工及相关成果

展物：图片、视频等

基地介绍

内容：园区总部、团队介绍

展物：图片、视频、文字等

基地介绍 2

内容：历史文化

展物：图片、文字等

宣传片播放

内容：宣传片展示

展物：投影

设计理念

现代

博览中心是集科学研发、产品成果展示、教育教学基地为一体的综合性功能场所。

本案立足于当下，深入思考和对比现代展览展示的综合艺术造型特征，采用最新的模块设计手法，将展厅的各区域的功能分布与建筑内部结构的围合形式相适应。以中心装饰模块为特色，与简洁明快的立面展示墙相互呼应，艺术感极强的弧线与造型各异的展示窗口使得现代感应运而生。

科技

博览中心以动植物、食品医药为研究方向，在展示设计上不仅要求在形式感上富于现代感，在功能设计上更加注重科技感的视觉导视，与各展示模块中声、光、电的综合运用。依据流畅的线性视觉设计元素在各模块中预置不同类型的动静态演示与展示内容有机结合。

前沿

本案将以空间的形态的功能为基础，将平立面的综合造型表现与科学的研发的成果展示结合起来，达到各功能展厅动静合一、色彩统一、层次分明。在“传统图片实物陈列模式”的基础上，配以模型、标本、多媒体视听、和交互体验的展示形式，以声光电等现代手段，将展品以最简明、最直观的方式展现。

功能定位：通过全方位、多角度的展示，充分体现青藏高原研发基地取得的科技成果。

互动交流：流畅的参观动线、无障碍设计、大量互动设施的应用，体现互动趣味性、参与性、知识性。

色彩设计：融合基地特色和民族元素，跳出基地原有的以红色为主要色调的局限，随着参观者的观展人流动线，从沉稳的灰、黑色调逐渐转为生态绿、科技蓝等色调，并以原木色为空间点缀主要色系。

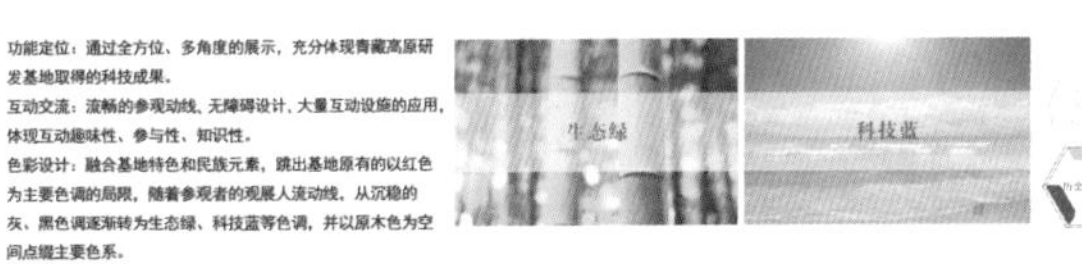

展墙设计

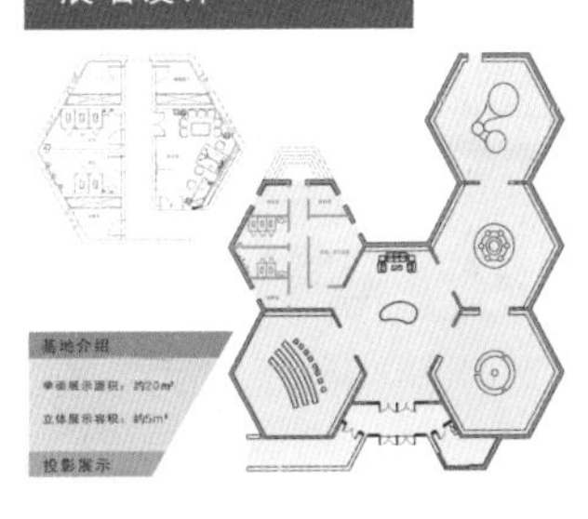

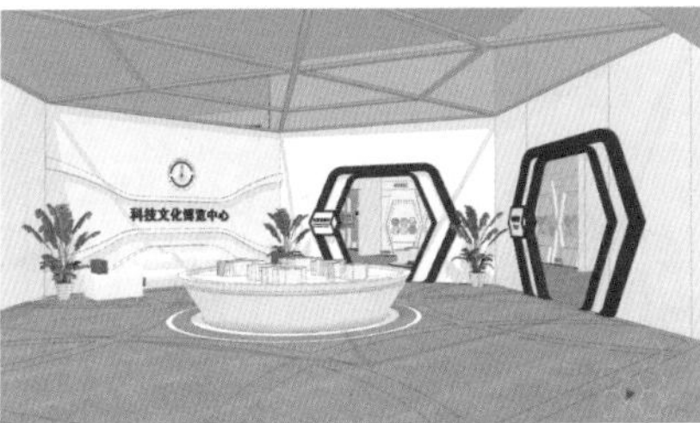

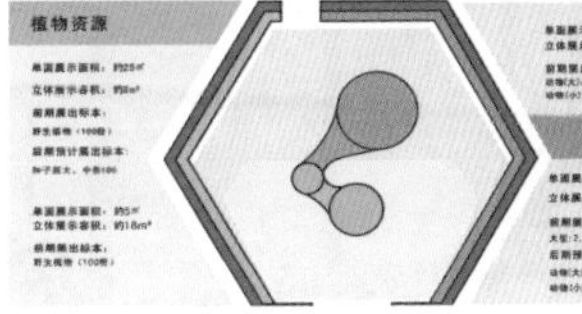

第六届四川省高校学生环境艺术设计大赛

二等奖

作品名：西南民族大学红原基地科技博览中心展陈设计

学生姓名：王明哲　雷鹏伟　郑魏军　袁海月

指导老师：王海东　许娟

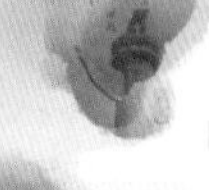

2014第六届四川省高校学生环境艺术设计大赛

清白庄院子 农耕文化风貌改造设计

[项目理解]

项目定位

以中国二十四节气文化为主导，着力打造农耕文化、民俗文化、休闲体验为一体的全新的产业模式，是在农耕文明深厚的历史文化与华夏精神之上产生的复合型产业链条，融合了文化、旅游、建筑、商业、人居五大要素，并有机地结合在一起，打造特色文化品牌，以当地独特的百年建筑承载的文化氛围驱动周围景观与配套设施的开发，加强游客的参与，实现人与自然的融合与交流。

设计主题 节气，一种历史的推演……

设计理念

将传统农耕文明融入川东传统建筑及景观布局中，以建筑群落为空间载体导入传统节气文化的时代内涵，打造以“特色节气文化”为核心的传统民俗体验观光区。

设计元素：以中国古代订立的指导农事的补充历法二十四节气为此次设计的核心概念，将传统农耕文明中的劳作工具与成果作为“点元素”丰富主体细节，突出特色。

规划结构

一心、二环、双轴线

以核心景观区向外辐射的景观轴线划分出合理的区域结构，推演古——今、动——静对比与变化的节气文化演变。

“一心”以“节气文化体验”为核心。

将“节气文化”确定为规划的文化理念，在整体规划布局上则以深具古韵精髓的建筑为体，以彰显有形文化为魂，充分挖掘“农耕文化”，并结合现代人对娱乐生活需求，节气文化体验区也将增加此项功能区，为其建筑空间融入人文元素。

“二环”以建筑描绘四季——设置两条环形廊道。

节气在大自然中对应了不同的颜色，以颜色的变化作为引导，穿过视觉廊道及居住景观廊道。

①农耕历史廊道：走进农耕历史区，可以了解几千年来的农耕方式、土地制度、赋役制度的演变历程和农业历史著作，切实感受先人无穷的智慧和伟大的力量。

②文化景观廊道：以实物、雕塑、八卦田、日晷等表现形式形容地展示天时、地利、人和、气象等农耕谚语的文化内涵，流动的线条，景观小品错落有致的摆放，使得空间充满动感与韵律，让人们在观赏的同时，获得丰富的农谚知识。

“双轴线”

南北方向以时间为轴截取当地百年的历史精华，复原历史古迹，结合现代建筑风格，让时光在此得到延续。东西方向则以节气变化带来的自然现象为轴，置身于四季交替的空间氛围中。将二十四节气对应的自然现象抽象为建筑符号与景观小品，作为整体构成中“点”的形式表现，成为轴线主要的转折。

设计原则

功能性：功能区的合理划分以满足居民日常生活集会等基本功能需求，不改变其居住空间尺度。

文化性：利用传统文化的历史性与延展性，将文化景观融入建筑景观空间形态中，营造良好的文化氛围。

生态性：注重生态平衡，借助原有自然景观营造“天人合一”的空间形态。注重资源再利用，避免改建过程的大肆修建，充分利用现有建筑结构外立面。

艺术性：改建过程中注重科学性与艺术性的高度统一，不仅考虑实用性，又要注重个体与群体的形式美。巧妙利用建筑及景观小品的形体、线条、色彩质地进行构图，遵循艺术设计“统一”“调和”“均衡”“韵律”四大原则。

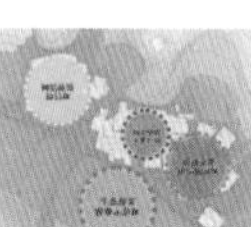

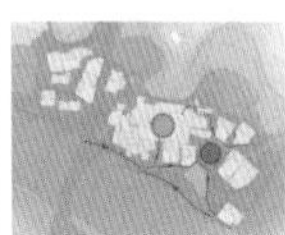

[设计愿景]

休息区

用植物丰富现有空间，座凳、廊架的细部融入了节气文化符号。

景观节点

院落古建筑在原有风貌基础上加固修缮，利用现有空间设置节气文化盘，使之成为院落中心景观。

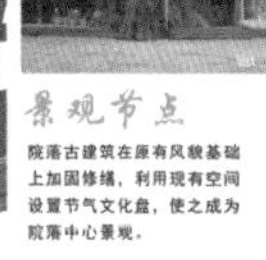

景墙

在大院入口处设置节气景墙，点明设计主题，赋予大院文化特征。

入口

根据现有地形，大门的设计，协调、美化现有场景，并结合农耕用具，增强主题聚落的带入感。

景观小品

利用节气、农具等元素设计景观小品，充分营造出节气文化与农耕文化。

建筑风貌

根据现有建筑结构特征，加以川东地区特有建筑样式。对建筑风貌进行功能强化、特色突出、风格统一的设计。

第六届四川省高校学生环境艺术设计大赛

作品名：清白庄院子风貌设计

学生姓名：朱梦杰 冯潘 李倩 吕宝顺 杨明旦

指导老师：洪樱

二等奖

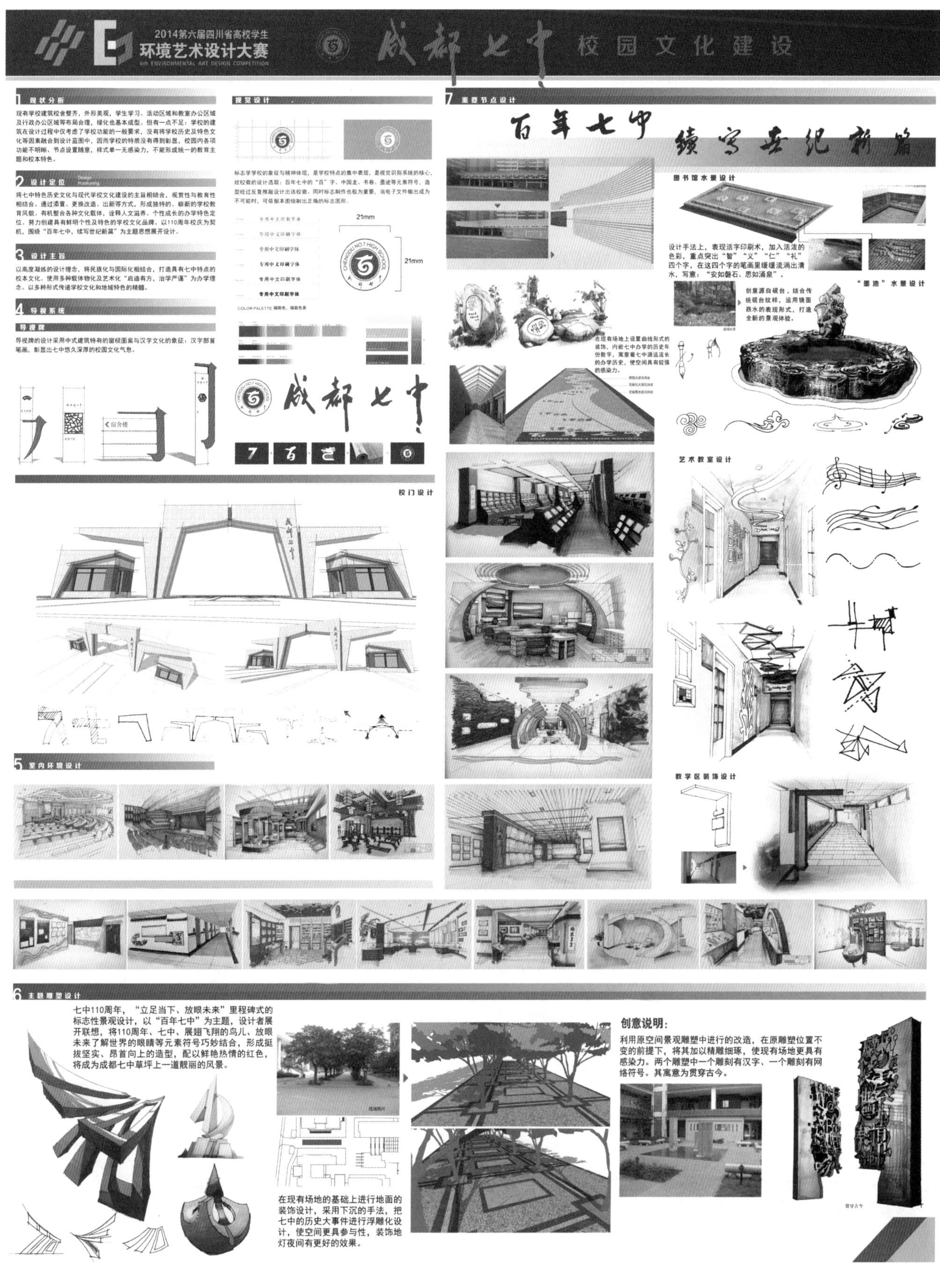

第六届四川省高校学生环境艺术设计大赛

作品名：百年七中校园风貌设计

学生姓名：韩立铎 田野 王明哲 魏泽鹏

指导老师：李刚 凌霞

二等奖

梨花溪湿地公园设计方案

区位分析

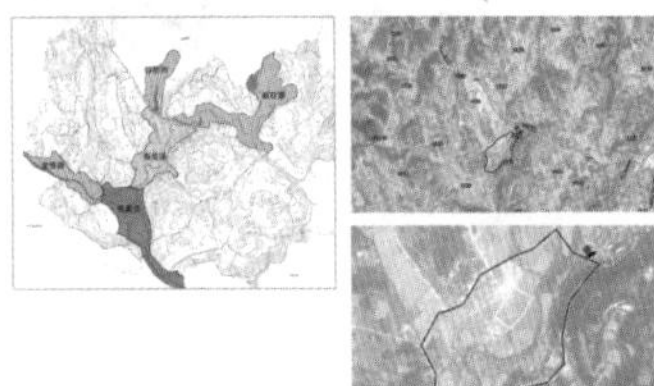

梨花溪湿地位于农业公园的中心区，为公园水体规划的五大片区之一，也是该公园即将打造的核心景观区。

场地分析

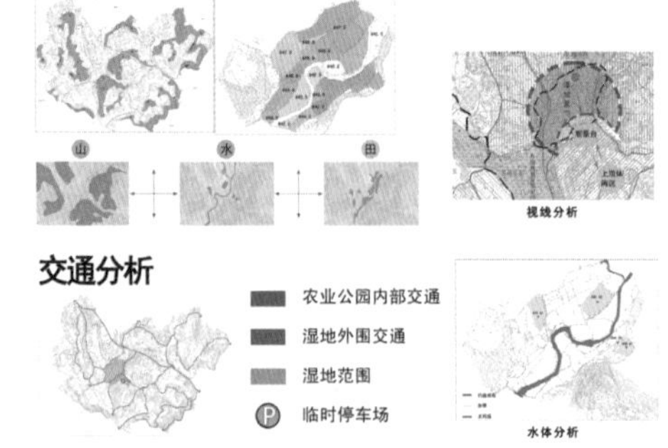

视线及水体分析

视线分析

水体分析

梨花溪湿地用水水源主要由本流域降水形成。本次计算采用降雨径流系数法推求地表径流量。梨花溪湿地集水面积为9.65km²，多年平均降雨量为1064.4mm，径流系数采用0.75，可计算得径流量为770万m³，多年平均流量为0.244m³/s。

交通分析

农业公园内部交通
湿地外围交通
湿地范围
临时停车场

空间结构及评价思考

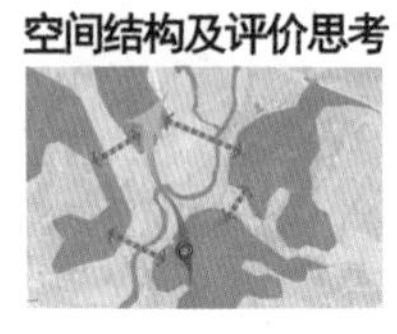

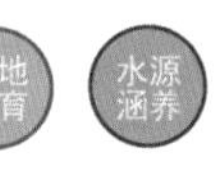

湿地保育

梨花溪湿地应该保持该区域独特的自然生态系统并趋近于自然景观状态，维持系统内部不同动植物的生态平衡和种群协调发展，并尽量在不破坏湿地自然栖息地的基础上建设不同内型的辅助设施，将生态保护、生态旅游和生态环境教育的功能有机集合起来，实现自然资源的合理发展和生态环境的改善 ，最终体现人与自然和谐共处的境界。

06

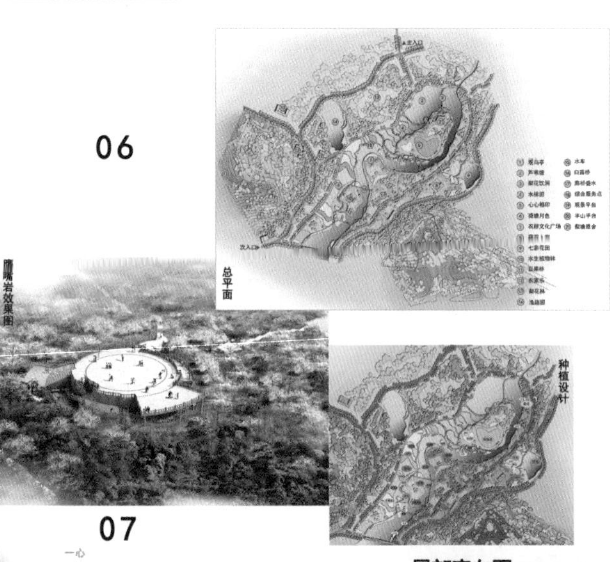

07

农舍改造效果图

08

梨花溪细部分析

一心
一轴
两带
三区

竖向设计及水系设计

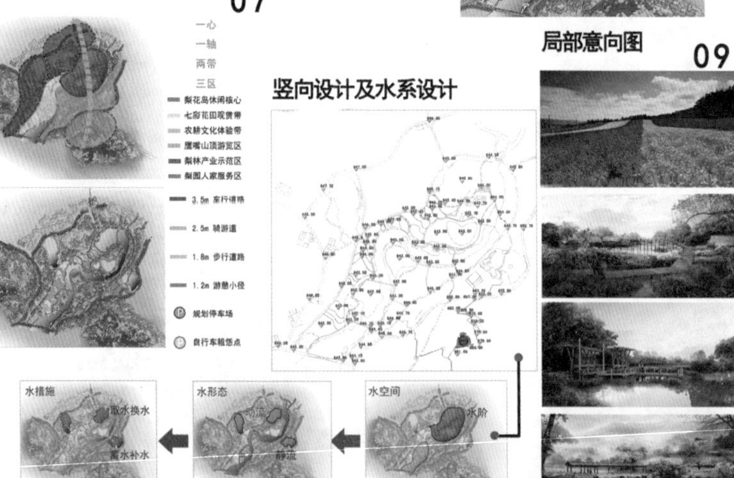

局部意向图

09

第六届四川省高校学生环境艺术设计大赛
作品名：梨花溪湿地公园规划设计

学生姓名：张耀心 毛晨程 李勐霆 王晓敏
指导老师：兰玲

二等奖

空巢老人安全网设计方案

关心　关爱　关怀

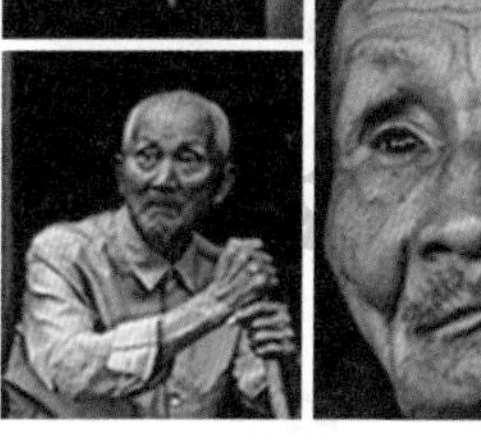

项目分析

目前国内老年人没有丰富的娱乐活动，生活单调令老人们感到冷清，"空巢老人安全网"是当今社会大发展下不可或缺的生活空间，有利于解决社会当前问题，解决"空巢老人"孤寂、孤僻等身体及心理上的问题，从而帮助社会、帮助国家减轻负担，充分利用社会各阶层人士和组织来完成这个理想。这种规划行为还有利于带动周边城镇，从而促进社会和谐稳定的发展。

高龄老年人口的急剧增长，人口老龄化的迅速发展，以及老人空巢化的进一步凸显，对我国经济社会发展将产生广泛深远的影响。很多"空巢老人"都面临一个同样的问题：也许不缺吃穿，但是每天都觉得无所事事，要么在家静静守着空荡荡的房子，要么在养老院里等待吃饭的时间。现代生活节奏较快，许多子女忙于工作，对家中老人的关心不够，老年人很容易感到孤独，不良情绪找不到渠道宣泄。

"老我以少壮，息我以衰老"，建立一个系统化的安全养老环境，来帮助更多的"空巢老人"，实现身心健康，得到心理抚慰，填补情感上的空洞和内心的孤独。

设计说明

为了使"空巢老人"能够健康安全的生活，建立一个系统化的合理的生活空间，来帮助更多的"空巢老人"，从而使"空巢老人"实现身心健康和心理抚慰，填补情感上的空洞和内心的孤寂。于是我们在各个郊县做了"空城计好老人"安全网项目的规划和设计，为"空巢老人"提供利于交流、学习、生活的空间（现代四合院），使我们的"空巢老人"得到更多的爱，能够更健康更安全的安享晚年。

方案设计分析

design analysis

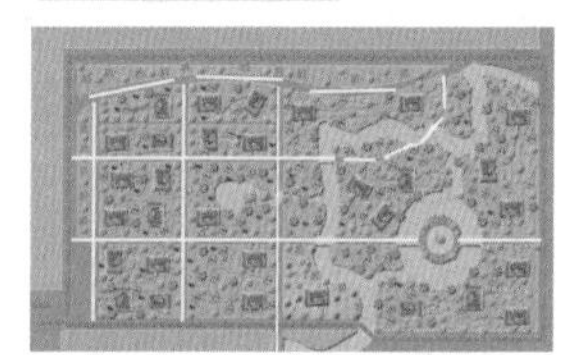
人流动线图

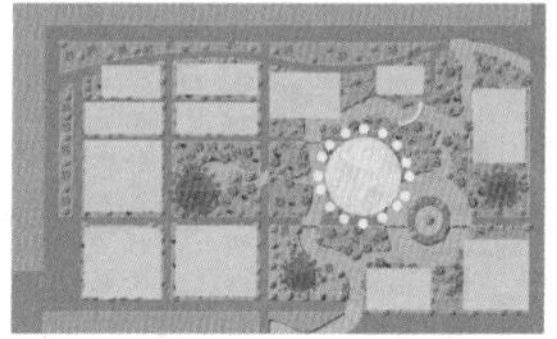
功能分区图

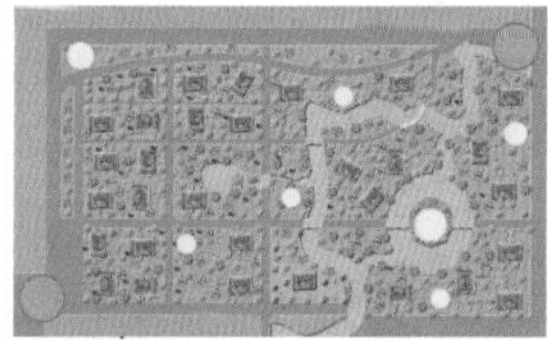
节点分布图

总平图

室外景观效果图

娱乐区效果图

室外景观效果图

手绘效果图

四合院大门　四合院走廊效果图

景观庭院效果图　侧立面

景观小品意向图

地面铺装　休息区

棋牌桌　垃圾桶

3d效果图

第六届四川省高校学生环境艺术设计大赛

作品名：空巢老人"安全网"

学生姓名：刘维强　岳峥嵘　张良　朱梦杰

指导老师：范寅寅

三等奖

本本味

设计说明

简单的材料成就纯粹的空间氛围，并使空间产生张力。
设计中没有刻意追求豪华的材质，选用几种特定的材质相互穿插运用，以形成有机且丰富的空间。
单纯的材质使空间更具整体性。
材料的天然特性是设计的基本语言，体现实用功能的同时保持材质的天然质感和肌理效果。

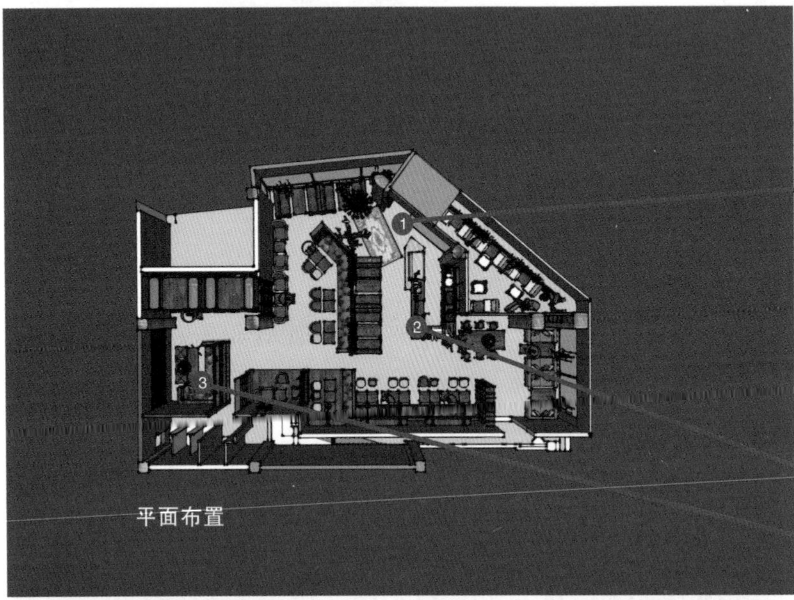

平面布置

室内效果

第六届四川省高校学生环境艺术设计大赛
作品名：本本味商业空间设计

学生姓名：毛晨程 张耀心
指导老师：兰玲

三等奖

住宅中轴景观深化设计

——享受原汁原味的法式风情

风格解析:

法式风格线条鲜明、凹凸有致，外观造型丰富而独特，体型厚重，善于在细节上精雕细琢，运用雕花、线条，呈现浪漫典雅风格，颜色稳重大气，呈现出尊贵的气质。整个空间布局多采用对称造型，气势恢宏。

设计说明:

致力打造经典法式皇家园林，布局上突出轴线对称，恢弘的气势，大开大合，细节上丝丝入扣，效仿贵族生活，高贵典雅。构筑物细节处理上运用线条，追求色彩和建筑联系，达到和谐统一的效果。多处的对景使主轴景观内外开或合，借或透，每个转弯都暗藏着惊喜。
主次分明的绿化空间层次，绚丽的花径色彩，巧妙的季相植物搭配，每一棵树，每一个角度都注入“盘景式”的绿化标准，每一寸空间都载满了“用心”的愉悦，为我们构建出一份真正的贵族生活，体现法国园林精髓。

1 模纹景观
2 景观小品
3 中心绿岛
4 景观树池
5 模纹乐园
6 景观廊架
7 休憩木平台
8 景观矮墙
9 花纹铺装
10 中心水景
11 水中汀步
12 景观灯柱
13 中心景亭
14 阵列景观
15 条石景观
16 休闲广场
17 休闲景亭
18 汀步
19 阳光草坪

轴线分析图

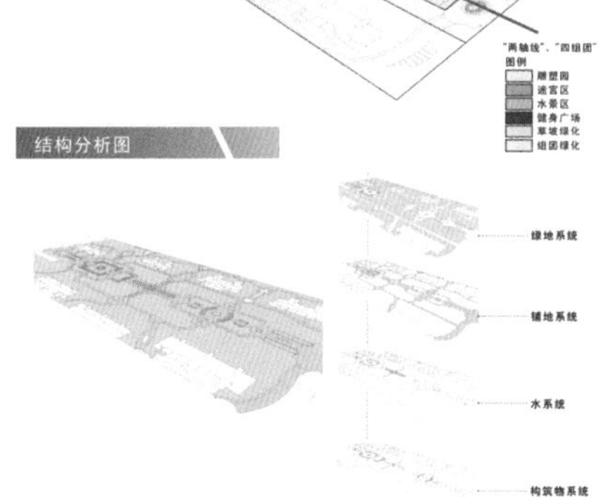

结构分析图

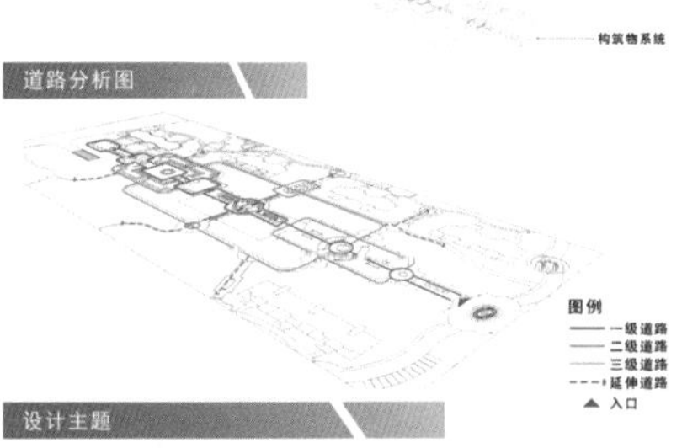

道路分析图

图例
一级道路
二级道路
三级道路
延伸道路
入口

透视图

小品设计

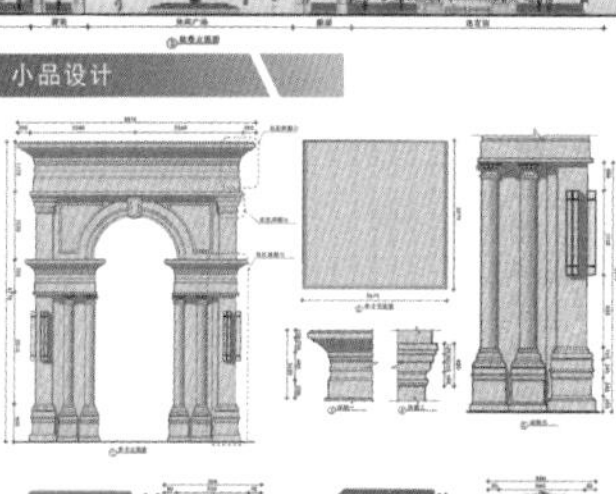

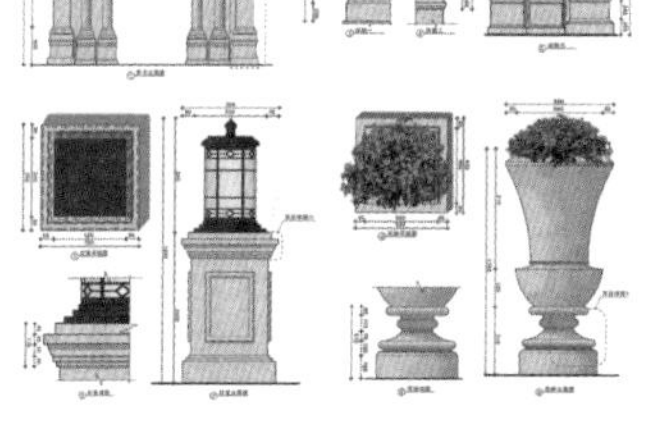

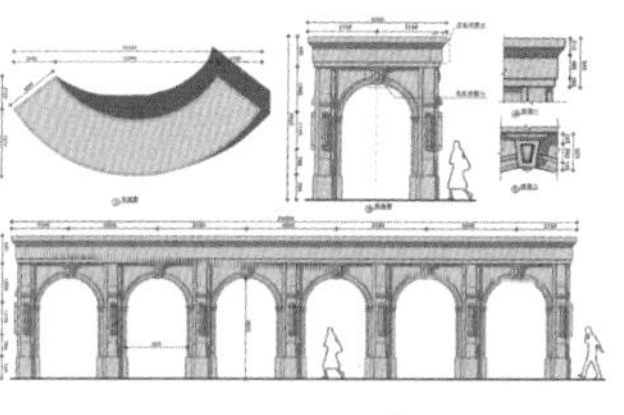

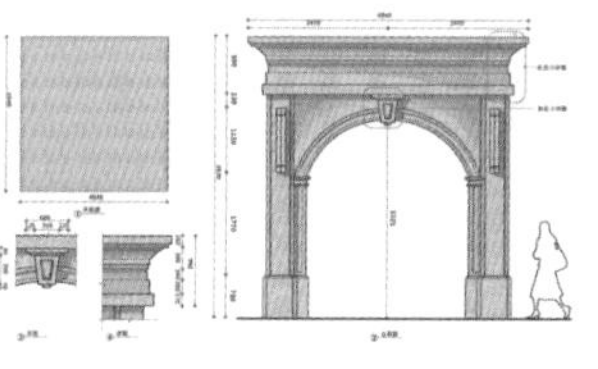

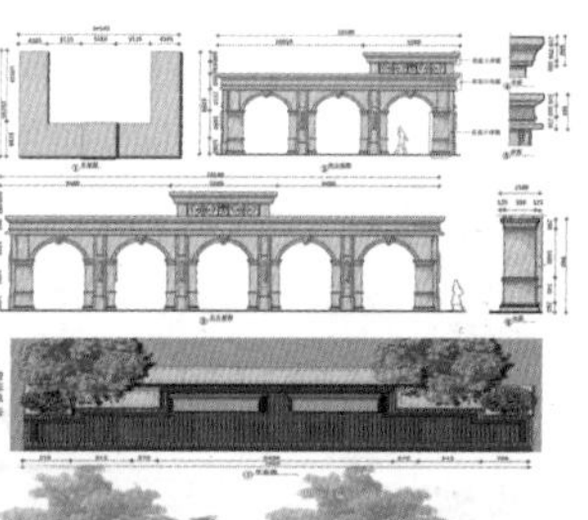

设计主题

设计目标:本案的栽植以长春本土植物生态系统为构架。
种植设计以“简洁、高雅、精致”风格为出发点。结合本土植物特色，在保证景观品质的前提之下，增添景的可观赏性，同时营造出舒适健康的生态环境，创造丰富多彩的植物层次，使人与自然生态更加亲近和谐。

总体通则
注重植物景观、功能与生态并重的原则。
重视乡土植物的运用，但也不排除经长期驯化的外来物种。选用具有观赏价值的本土植物种类，做到适地适树。
注重组团植物景观特色，强调植物季相变化，多考虑春季开花的植物，增加秋季色叶的树种，既保持组团景观之间的区别，又能形成统一的景观植物生态构架。
种植细部设计注重色彩、质感、形状的变化来营造丰富的绿化环境。
以人为本，多考虑植物造景对人的积极心理影响，同时避免选用有毒、侵略性或产生大量花粉的树种。
合理确定常绿和落叶植被的种植比例。
多选取低维护的树种。
北方景观的季节特殊性使我们在选用植物栽植上不仅考虑做出丰富的层次变化形成远近高低的层次递进的视觉体验，而且也要充分的尊重本土化的运用以及季相变化，使得漫长的冬季也不乏味萧条。

灯光设计

灯具意向

竖向设计

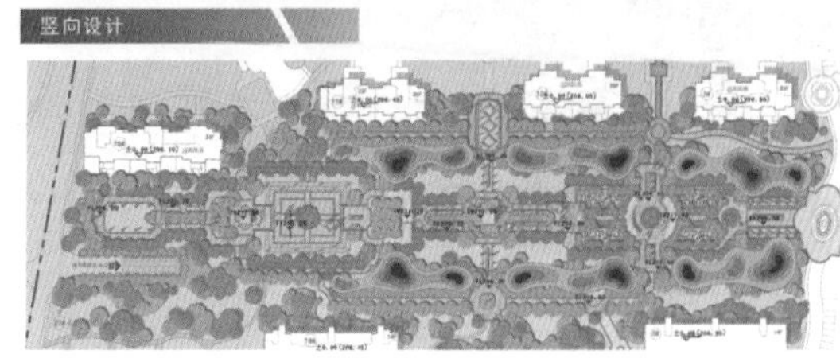

绿化地形分析
图例：LEGEND
0.30
0.60
0.90
1.20
1.50

基地现状趋于平坦，宅间间距大，视野开阔，为了增加景观的可塑性和丰富的植物造景层次感，地形的营造则是必不可少的。

图例
0.00 标高

第六届四川省高校学生环境艺术设计大赛 | 作品名：本本味商业空间设计 | 学生姓名：毛晨程 张耀心 指导老师：兰玲

三等奖

第七届四川省高校学生环境艺术设计大赛
The Seventh Sichuan Environmental Art Design Competition for College Students

让梦想照亮未来 — 绿·筑·中国蓝

印象小貝壳

现代中式酒店设计

设计风格

酒店的设计思路和主题确定为新中式与简欧，整个空间除了给人一种大气、干净、自然地感受外，具有强烈的层次感和自然色彩的空间给人一种家的感觉，让你旅途无后顾之忧，尽情享受。

设计延续完整的建筑造型语言与建筑风格，结合新中式的手法，酒店定位为度假酒店，同时符合高档酒店的各种功能配套。

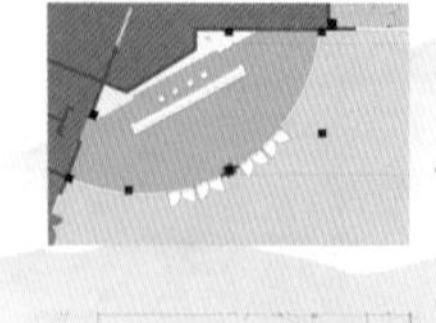

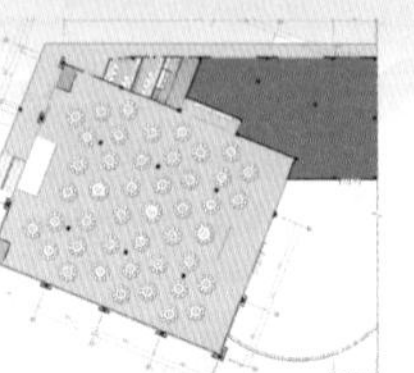

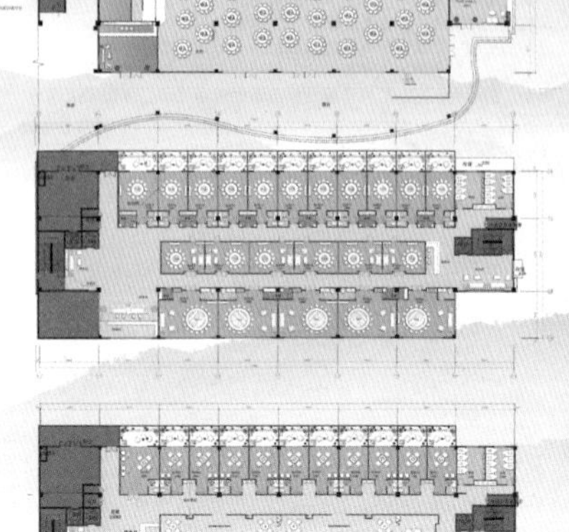

酒店平面图

酒店A区一层服务大厅

宴会厅

B区1层设计展示新中式宴会厅特有文化内涵和经营特色

B区2层设计展示简欧宴会厅特有的文化内涵和经营特色。两层宴会厅给人选择的空间，更满足旅客多样化的要求。力求以人为本，休闲舒适。

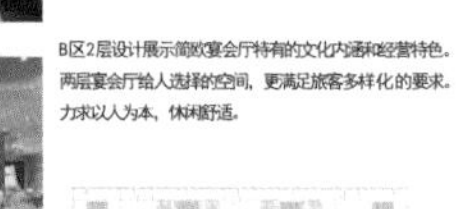

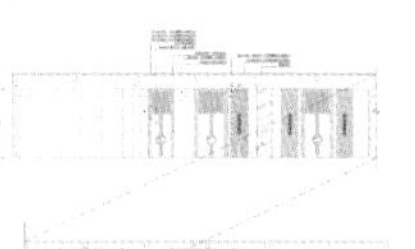

精品中餐厅

B区3层以包间为主，从小包、中包到大包，每个房间都经过精心设计，高雅、大方、满足客人私密性要求。是朋友聚会、商业洽谈的不二选择。

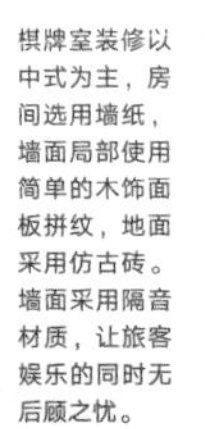

棋牌室装修以中式为主，房间选用墙纸，墙面局部使用简单的木饰面板拼纹，地面采用仿古砖。墙面采用隔音材质，让旅客娱乐的同时无后顾之忧。

休闲茶坊

软装展示区

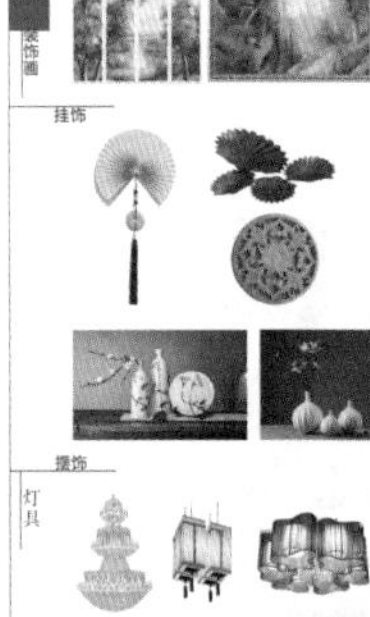

第七届四川省高校学生环境艺术设计大赛
作品名：印象小贝壳
学生姓名：田野 田佳晟 蔡晨旭 王东洋
指导老师：李刚
一等奖

第七届四川省高校学生环境艺术设计大赛
The Seventh Sichuan Environmental Art Design Competition for College Students

让梦想照亮未来 —— 绿·筑·中国蓝

Loft畅想曲

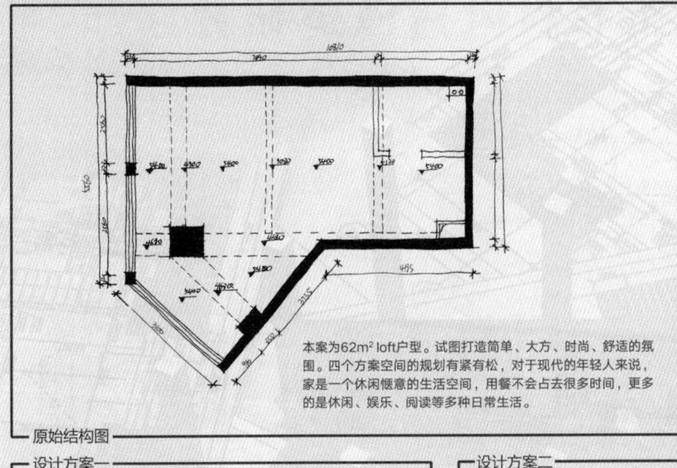

本案为62m² loft户型。试图打造简单、大方、时尚、舒适的氛围。四个方案空间的规划有紧有松，对于现代的年轻人来说，家是一个休闲惬意的生活空间，用餐不会占去很多时间，更多的是休闲、娱乐、阅读等多种日常生活。

原始结构图

设计方案一

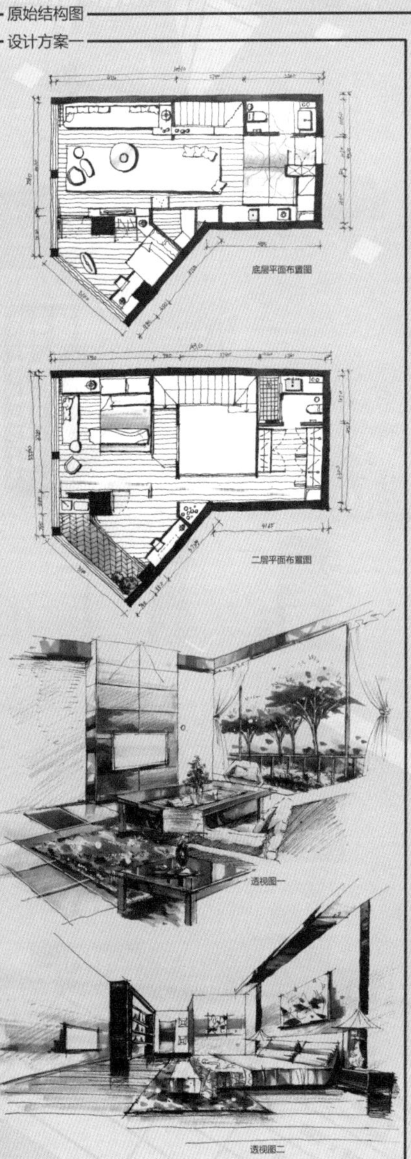

设计方案二

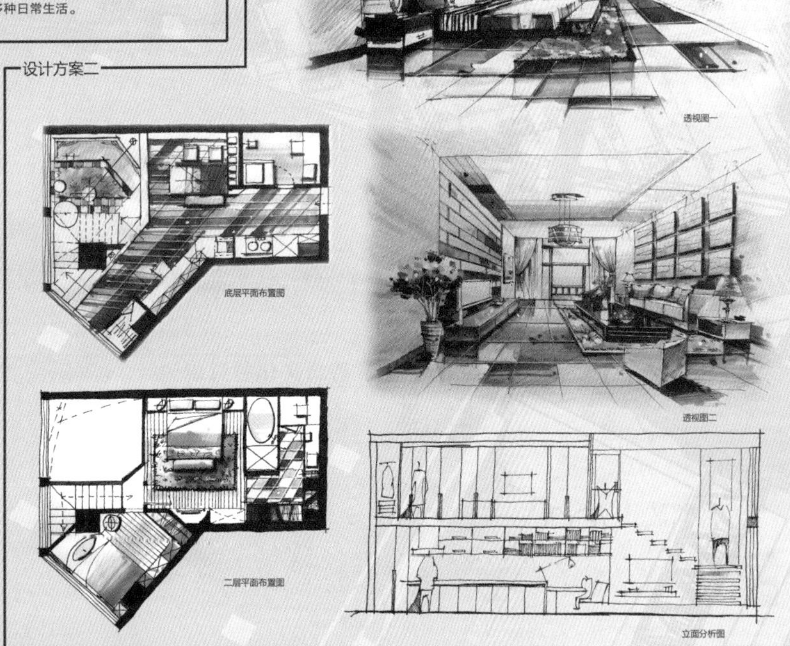

设计方案三

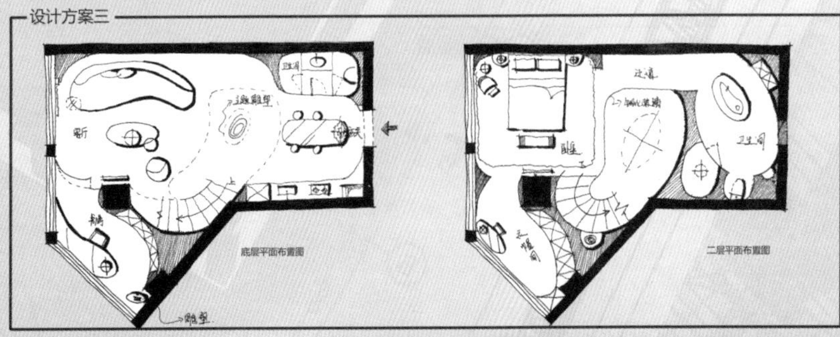

设计方案四

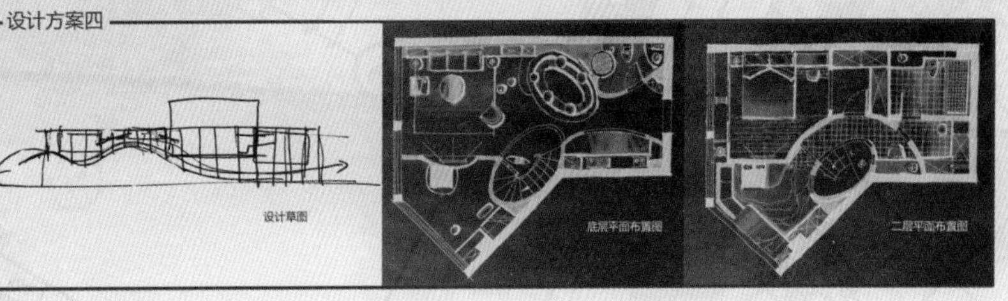

第七届四川省高校学生环境艺术设计大赛
作品名：Loft畅想曲

学生姓名：宋春蕾
指导老师：耿新

二等奖

第七届四川省高校学生环境艺术设计大赛
The Seventh Sichuan Environmental Art Design Competition for College Students

让梦想照亮未来 —— 绿·筑·中国蓝

川东西剪纸文化与新农村风貌改造研究

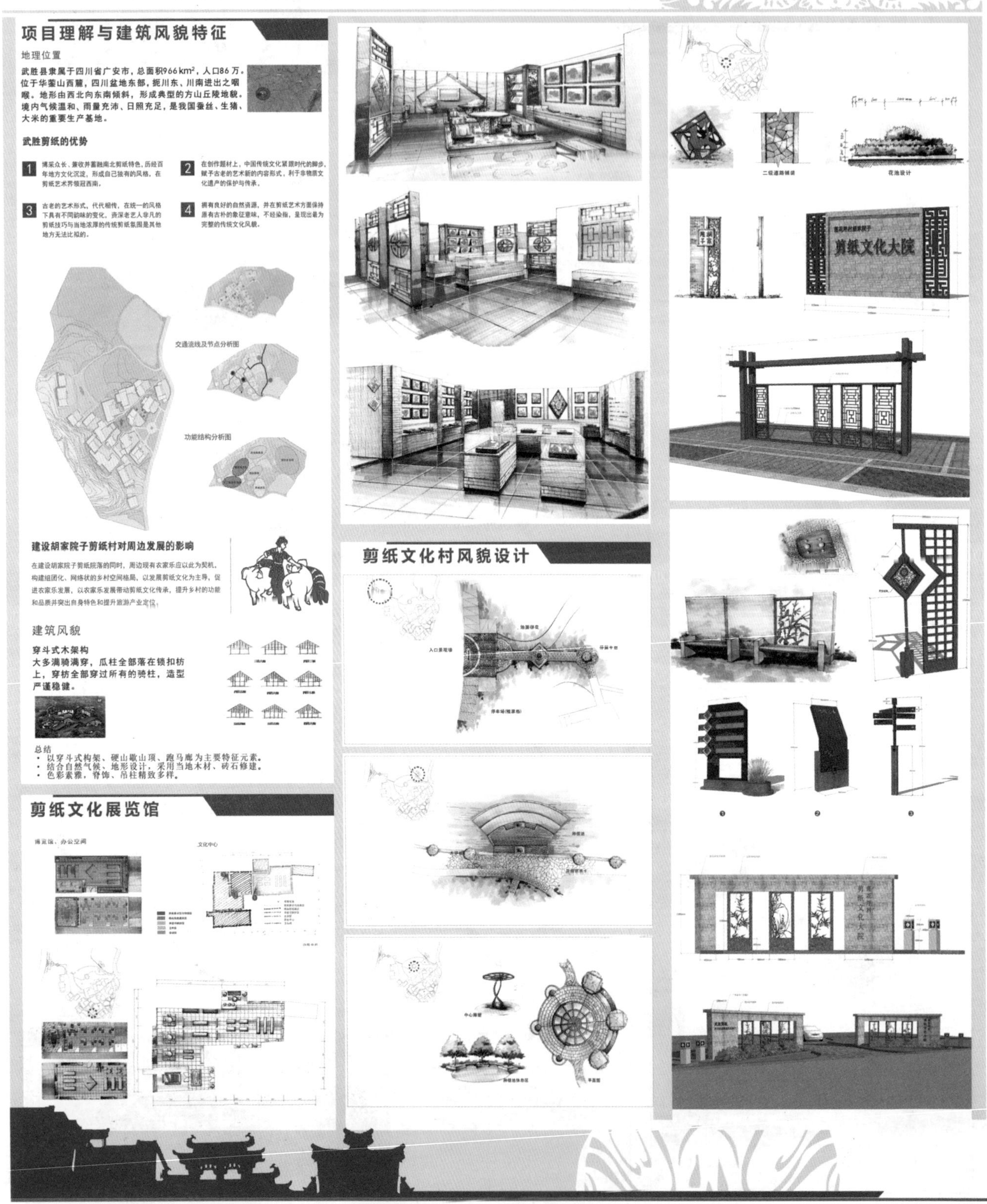

第七届四川省高校学生环境艺术设计大赛　　学生姓名：宋春蕾　蔡晨旭　　三等奖

作品名：川东西剪纸文化与新农村风貌改造研究　　指导老师：李刚

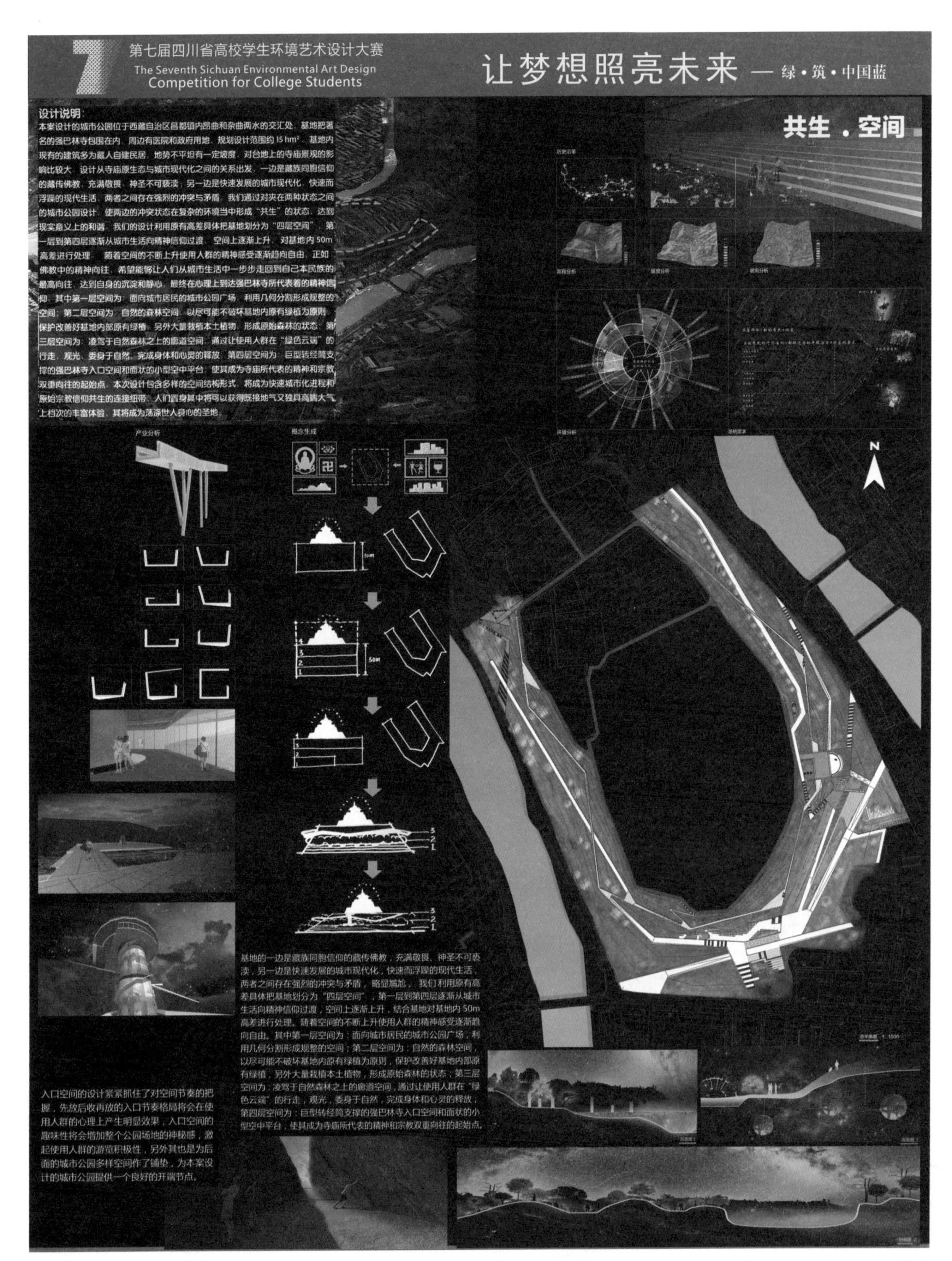

第七届四川省高校学生环境艺术设计大赛　　学生姓名：付尧　尚珈羽　李文旺　杨蜜　陈镘弥　　三等奖

作品名：共生 · 空间——城市公园设计　　指导老师：兰玲

第七届四川省高校学生环境艺术设计大赛
The Seventh Sichuan Environmental Art Design Competition for College Students

让梦想照亮未来 —— 绿·筑·中国蓝

设计说明

项目名称：光井书屋
项目地点：成都市温江区
项目面积：312㎡

设计概念：方案将书屋隐藏于城市的喧嚣之中，以"光井"位主题，让地上的光线与地下的视线交流，闹中取静。在功能布局上，空间划分为阅读和休闲的区域，负一层主要为阅读区，负二层为休闲区。而在二层之间设计了天窗下的书梯，留有阅读和交流的独特空间，给繁华喧闹又节奏快速的城市生活留下一片"精神绿地"，唤起人们对阅读纸质书籍的情感。

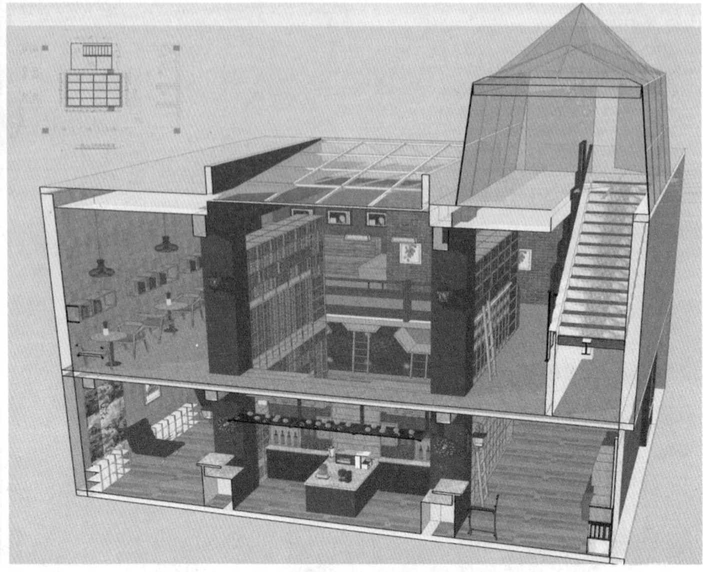

书吧：

a 咖啡饮品区，延续咖啡色系，使用简洁造型，营造出浓郁的咖啡香与书香氛围。

b 将咖啡厅设计与书梯巧妙结合，充分满足图书收纳同时，合并阅读与休闲空间。

c 厅内布置不同风格的装饰挂画，丰富了墙面的单一造型。

右图为负二层品阅书籍区，方格子储物架有设计感的排列，一字型长沙发不仅适用于人们阅读，还有利于交流与沟通。从视觉垂直空间考虑，透过光井可以"坐井观天"，使地下与地上的空间有了"面对面的交流"。

空间效果图

平面布置图

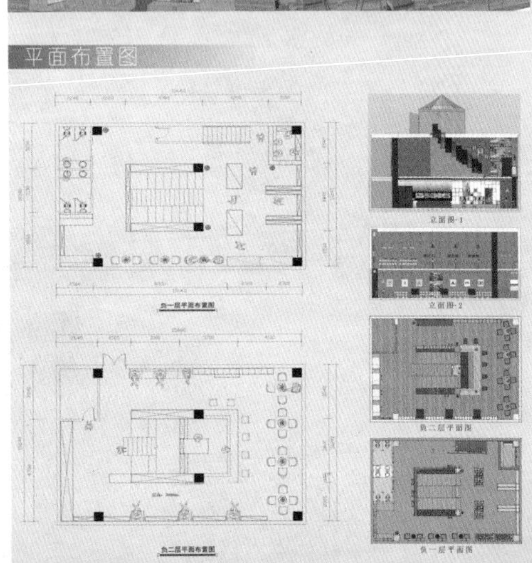

光井书屋

设计立意

设计立意：在网络文学、快餐文化泛滥的今天，在这个快速阅读的时代，希望这个社会对实体书店这一群体进行关注，给予必要的发展支持，引起更多人的人文关怀意识，带给人们重新感受实体书籍精神价值的机会。实体书店应该继续发挥它应有的作用，引导城市文化风向、体现城市丰厚的人文精神，实现真正的价值。

流线分析

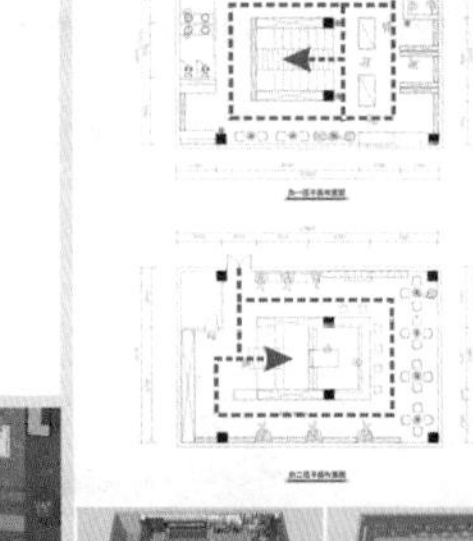

元素提取

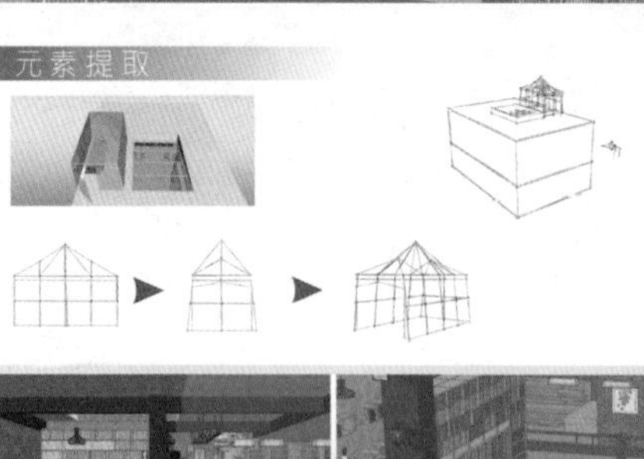

第七届四川省高校学生环境艺术设计大赛　　学生姓名：田野　胡和巧　张海超　　最佳表现奖

作品名：光井书屋　　指导老师：凌霞

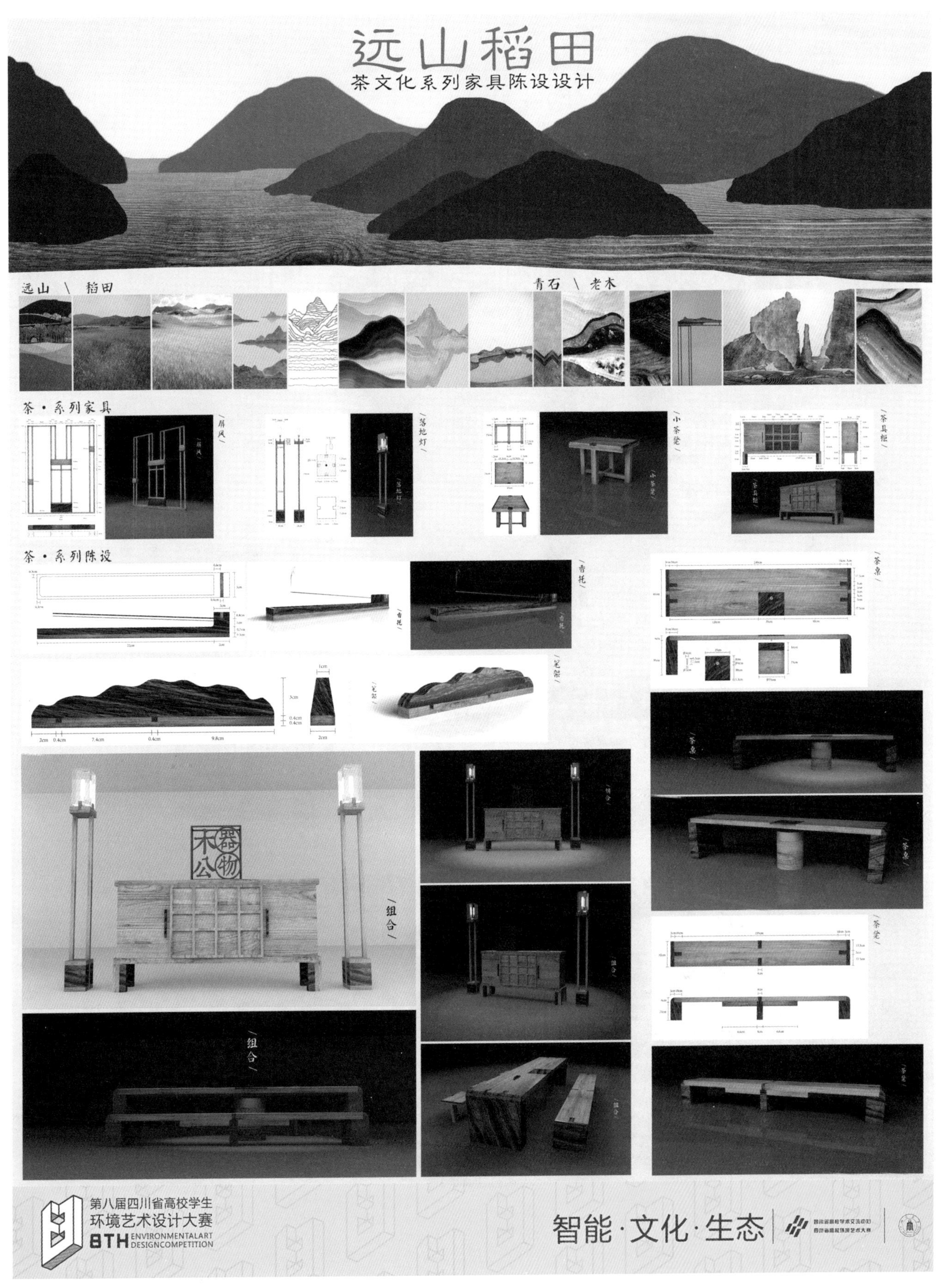

第八届四川省高校学生环境艺术设计大赛 | 作品名："远山稻田"茶文化系列家具陈设设计 | 学生姓名：田野 指导老师：李刚 全场大奖

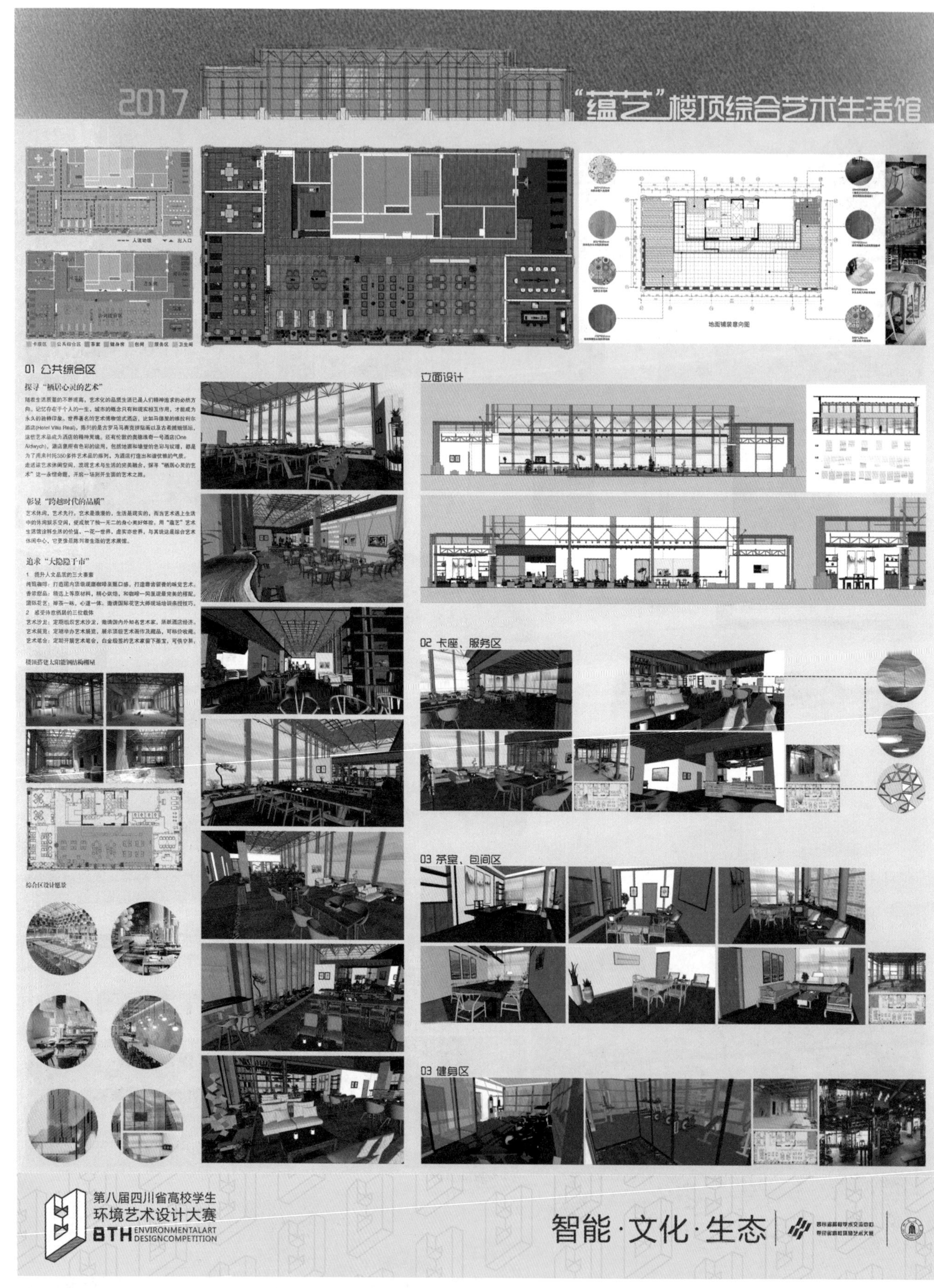

第八届四川省高校学生环境艺术设计大赛 | 作品名：“蕴艺”楼顶综合艺术生活馆设计 | 学生姓名：田野 指导老师：耿新 一等奖

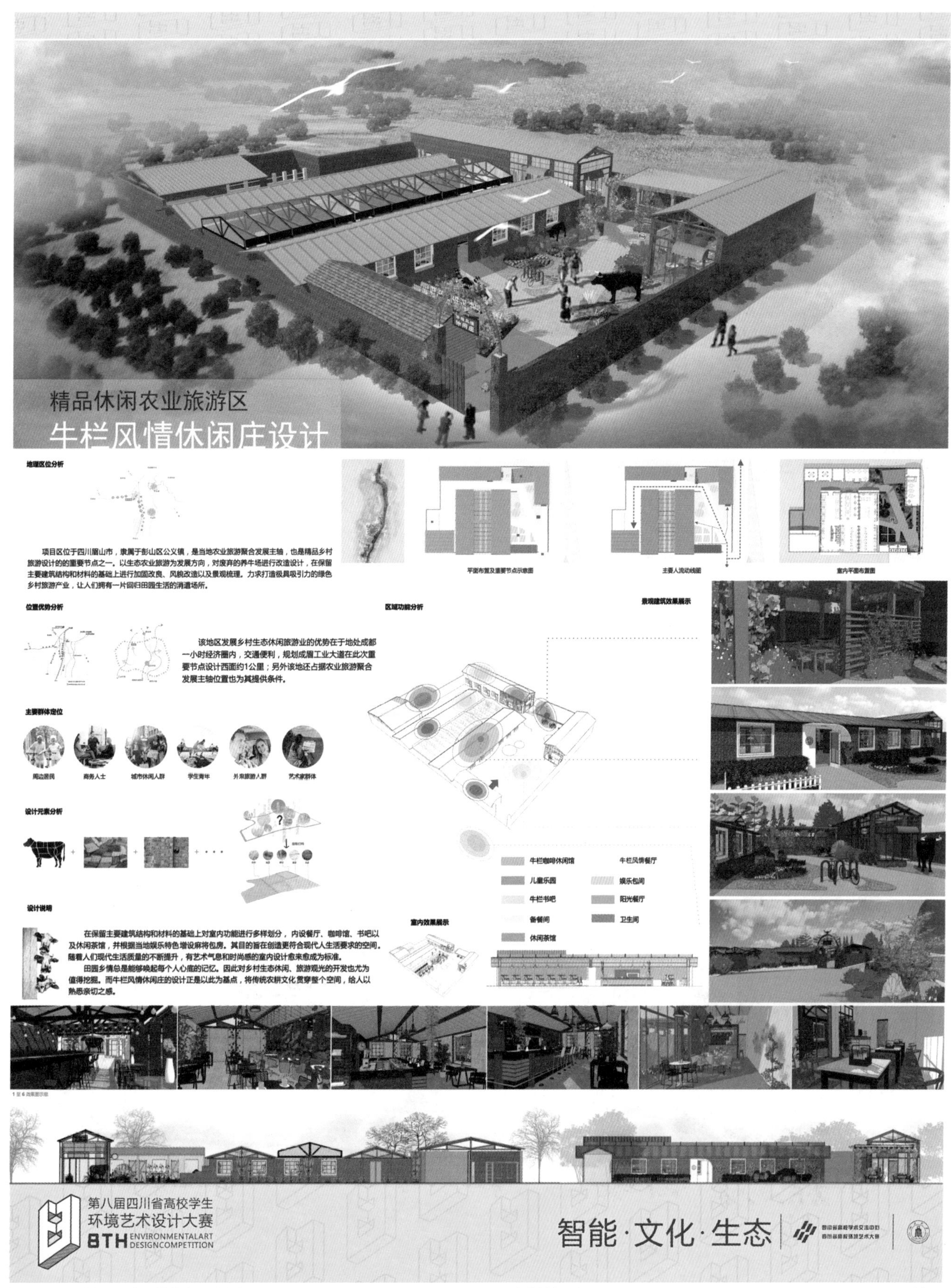

第八届四川省高校学生环境艺术设计大赛　　学生姓名：胡和巧　　一等奖

作品名：彭山区新桥“艺术设计文化创意生态园”——牛栏风情休闲庄设计　　指导老师：凌霞

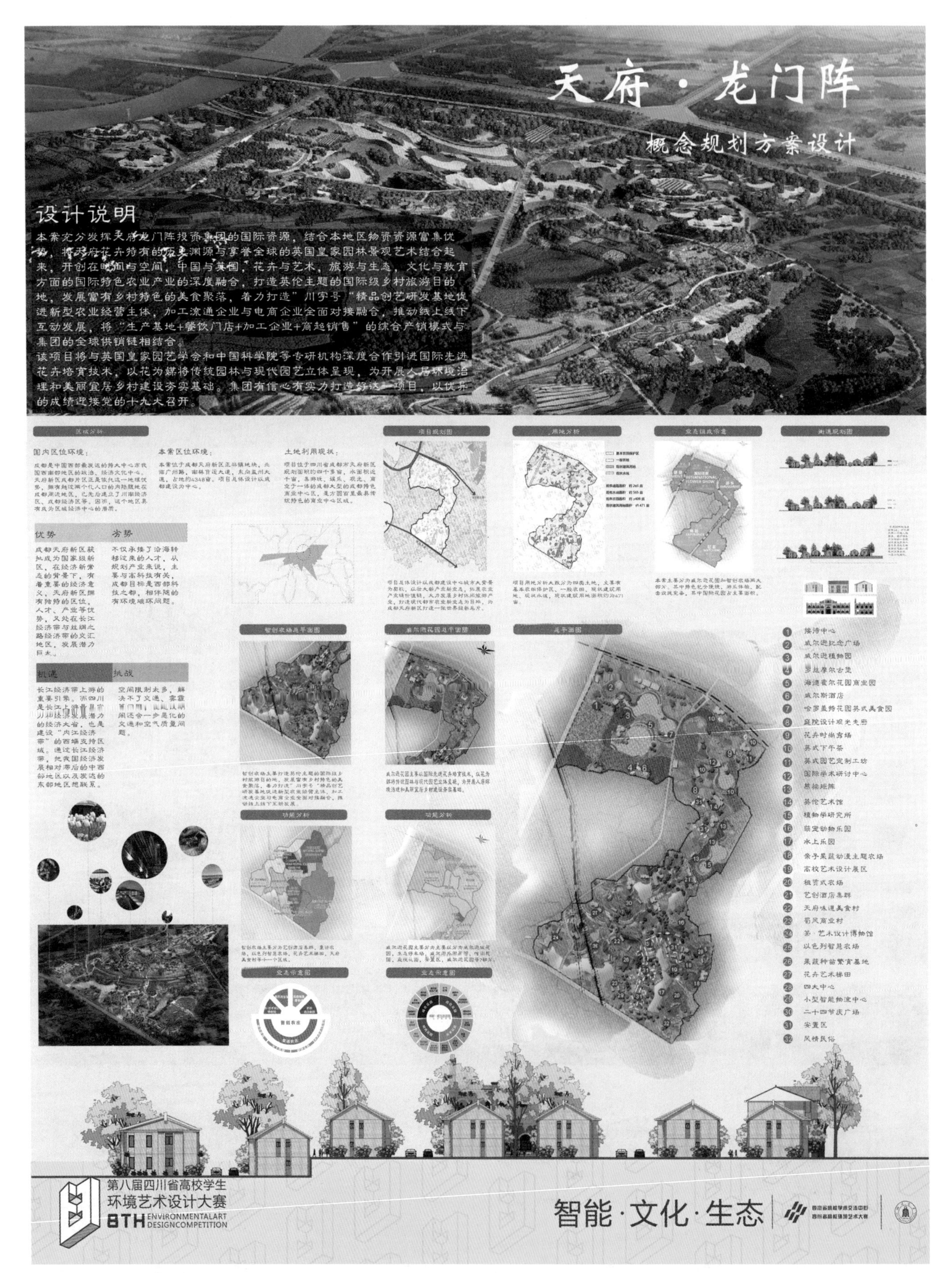

第八届四川省高校学生环境艺术设计大赛 | 作品名：天府 · 龙门阵——概念规划方案设计 | 学生姓名：田野 崔浩然 吴帮国 指导老师：李刚 二等奖

第八届四川省高校学生环境艺术设计大赛 | 作品名：畲族景宁民族中学校园文化景观改造 | 学生姓名：吴凯军 李金垠 赵永朝 马浩 指导老师：耿新 二等奖

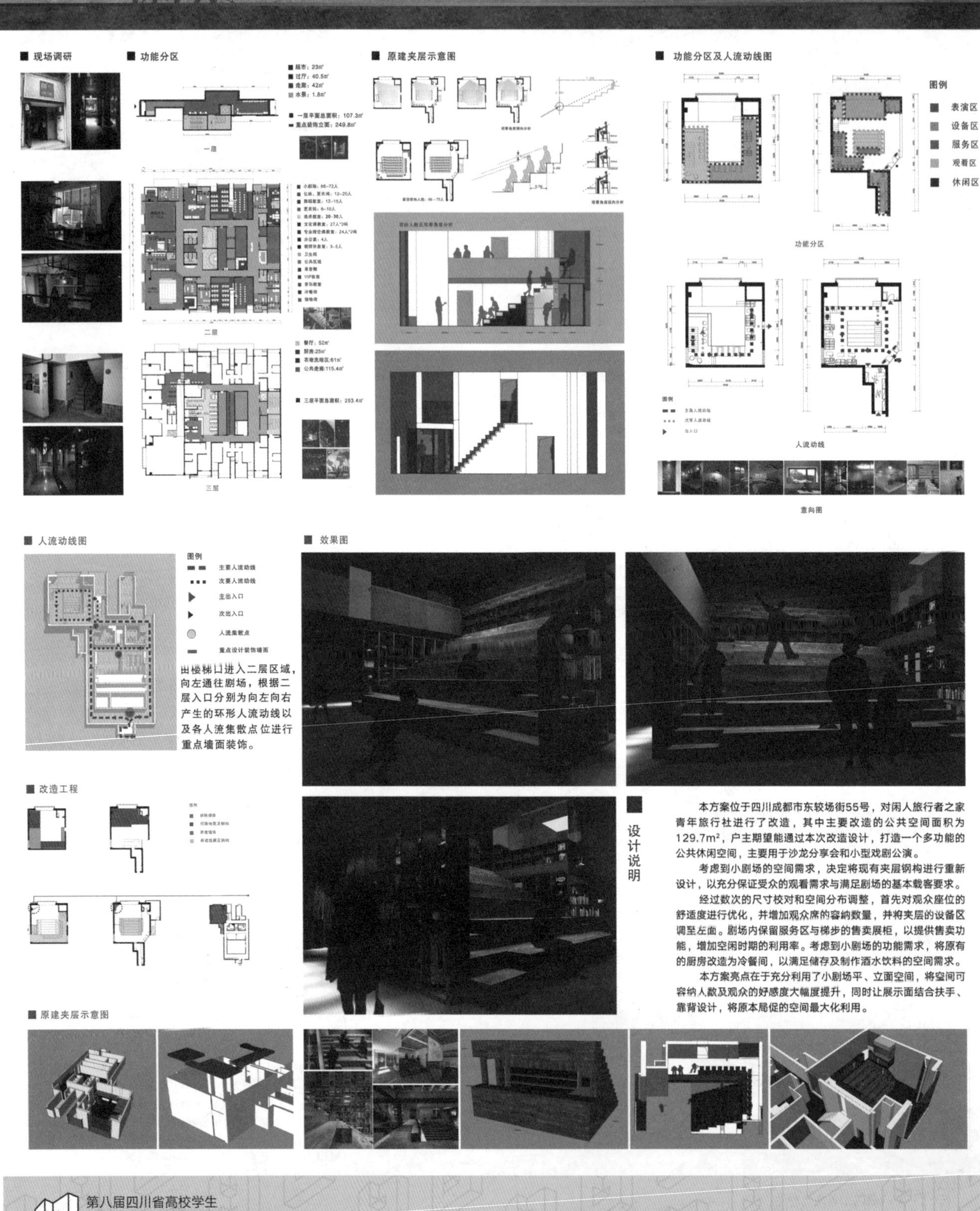

第八届四川省高校学生环境艺术设计大赛 | 作品名：“闲人”旅行者之家——公共空间设计 | 学生姓名：吴凯军 张宇琦 焦坤 指导老师：李刚 二等奖

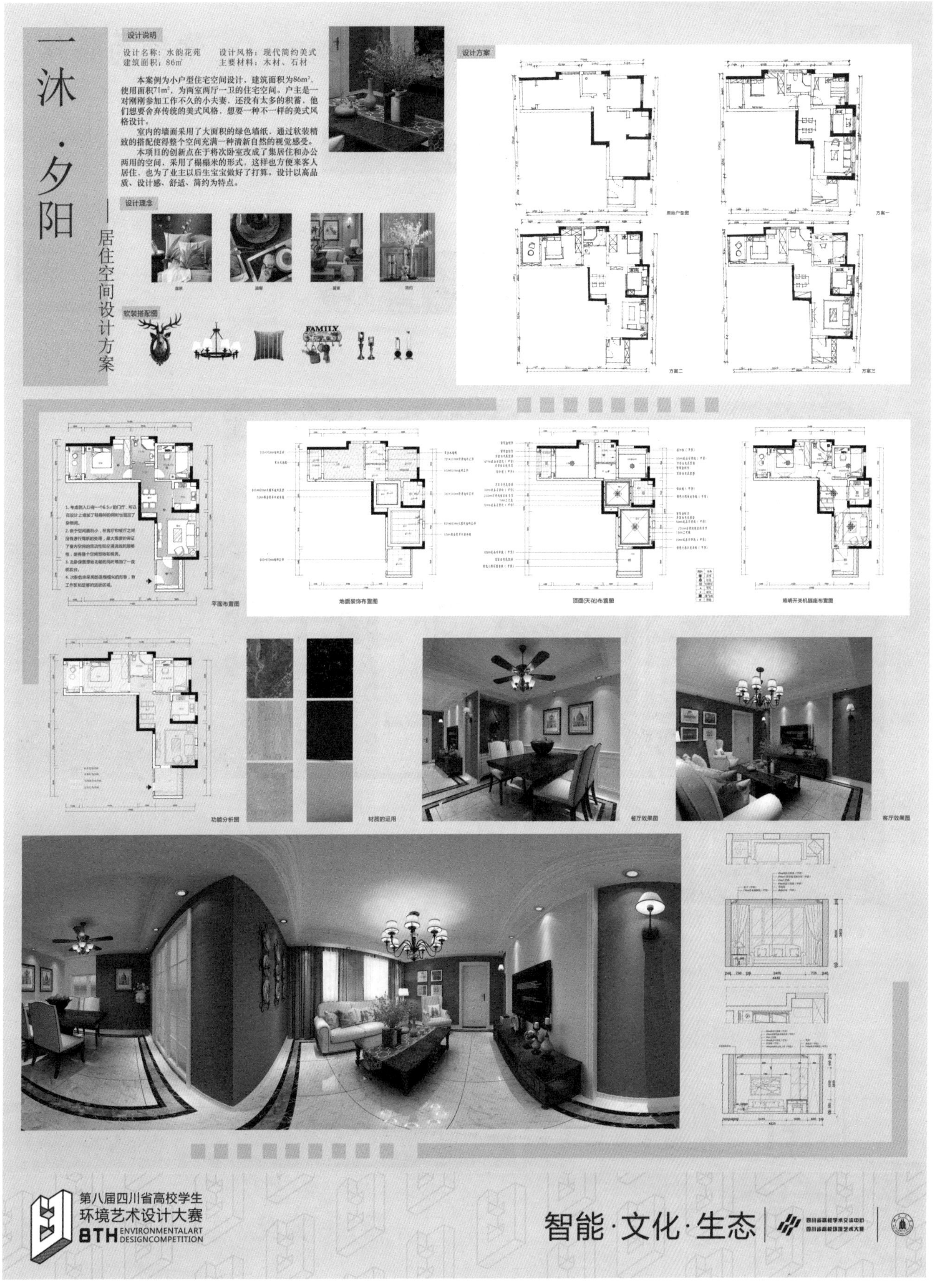

第八届四川省高校学生环境艺术设计大赛 | 作品名：一沐·夕阳 | 学生姓名：宋春蕾　指导老师：徐莉　三等奖

第八届四川省高校学生环境艺术设计大赛 | 作品名：荥经砂器主题空间——荥经药膳馆 | 学生姓名：胡和巧 指导老师：凌霞 三等奖

02

课程优秀作业

SUBJECT WORKS

当红有理 风格的缔造者

学生姓名：吴琳 指导老师：王海东

Christian Louboutin 高跟鞋以猩红鞋底为标识，早已成为了超越鞋履本身的存在。选择 Christian Louboutin 的女人从来不会以舒适为诉求，它是性感、诱惑，甚至是“危险”的代名词。能设计出如此虐脚虐心而又让人爱不释脚，甚至被当作艺术品来朝拜的鞋履，设计师 Christian Louboutin 的疯狂头脑里到底有多少怪诞癖好。

舒适是世界上最糟糕的词汇之一，他要让穿上Christian Louboutin的女人时时性感，刻刻诱人。

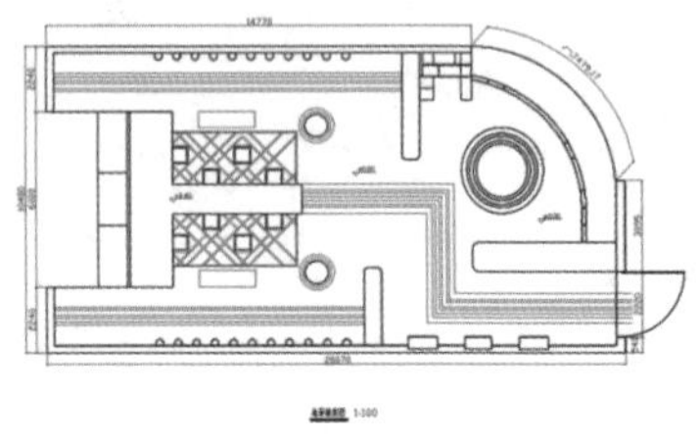

地面铺装图

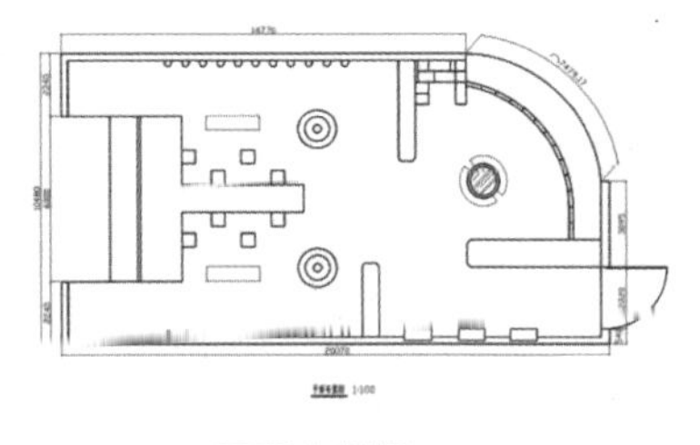

平面布置图

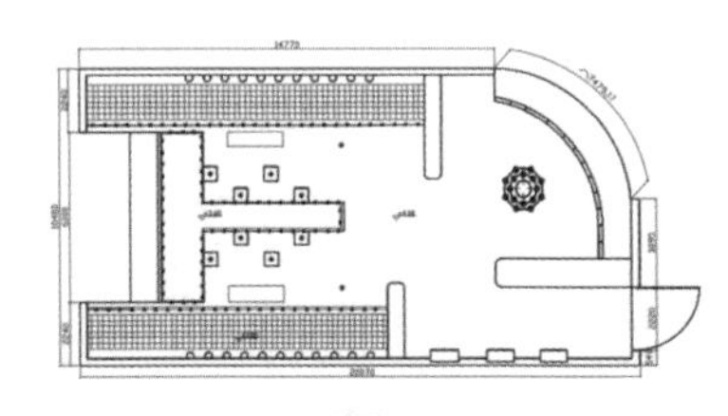

顶棚图

格萨尔王文献馆及文化馆设计——展示设计

学生姓名：温宇　指导老师：洪樱

文献馆部分

本馆以格萨尔学科的文本资料为主体，兼收国内外史诗学和民间艺人传唱影音的资料，通过现代图书馆和藏族传统文献馆结合的方式进行分类馆藏。

从藏式传统花纹出发，结合现代的造型空间理解再加以民族化的丰富空间纹样，使空间民族味道更加浓厚。

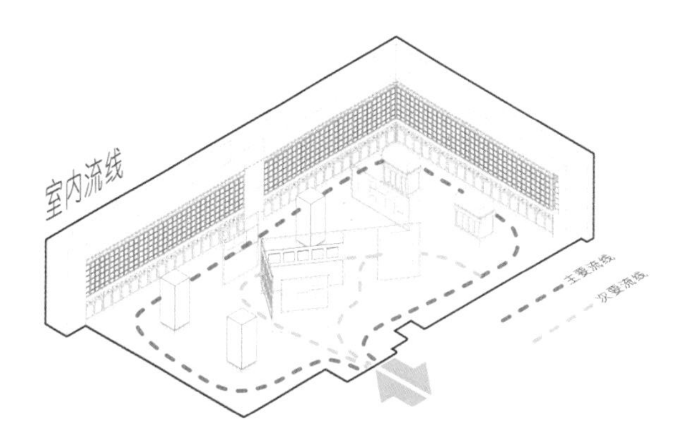

设计亮点

在较为传统的室内空间加入了较为自由且具有现代感的展架，与传统的藏式风格形成对比，同时打破了长方形带来的空间上呆板。

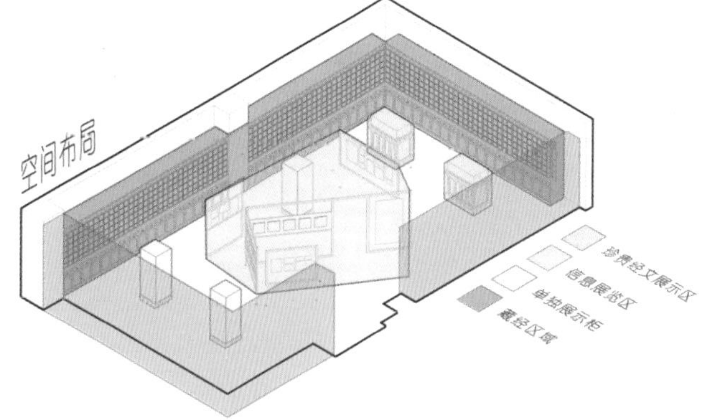

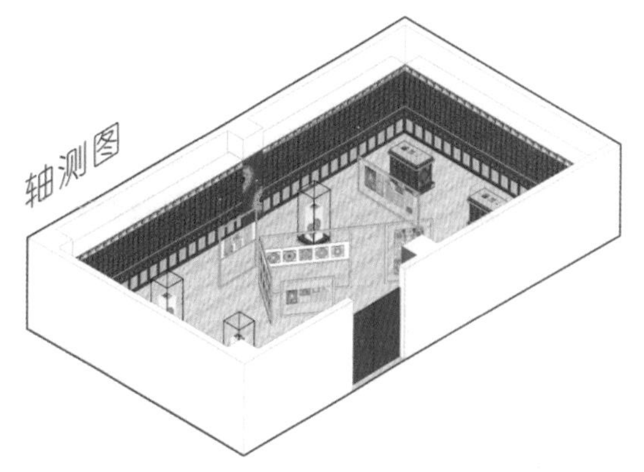

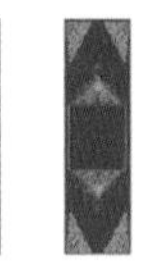

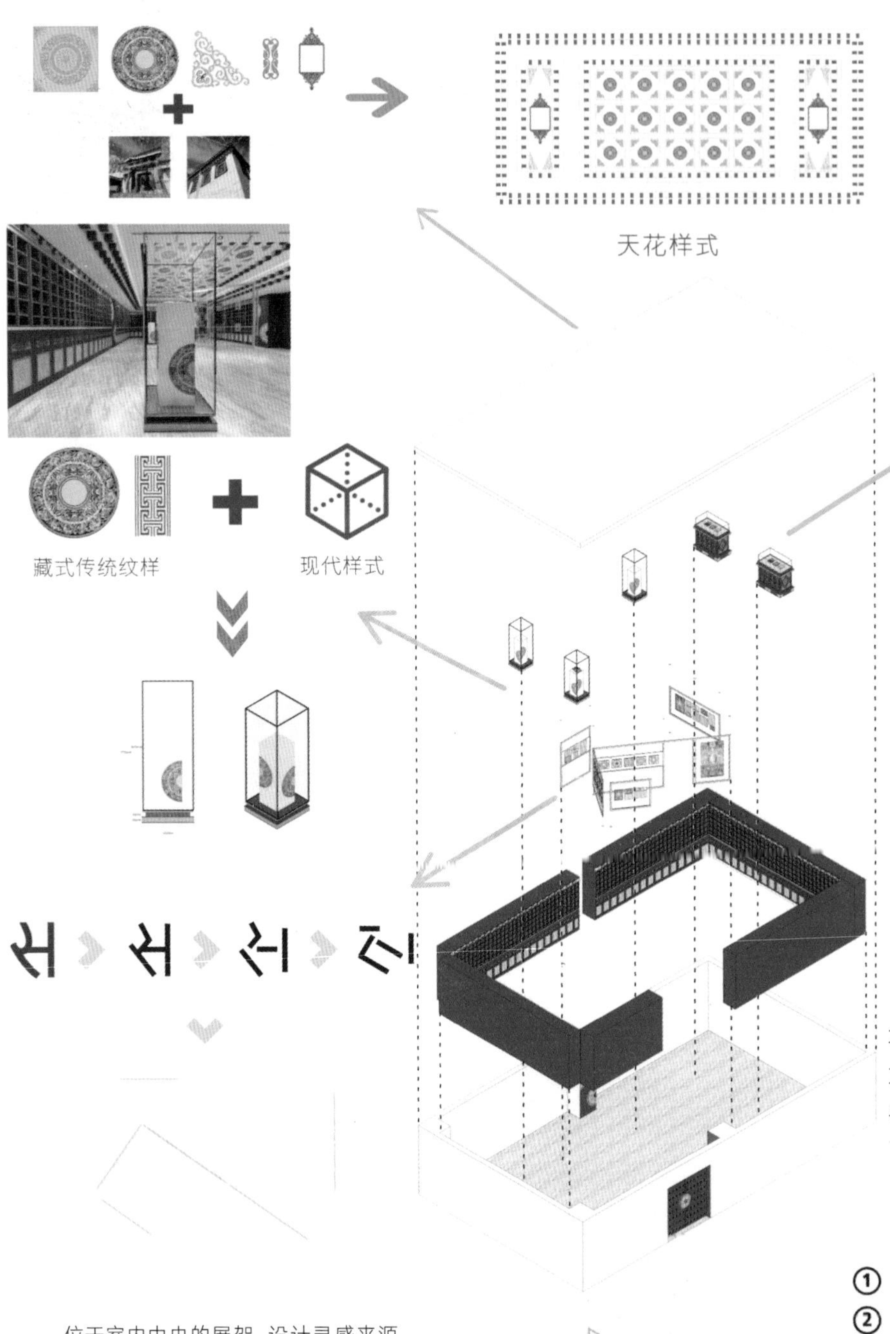

传统纹样加在传统的样式上，传递出更为原汁原味的民族风情，更加贴合主题，与相对现代的展柜形成对比，相映成趣，使空间在视觉上显得跨度更大，更具有张力。

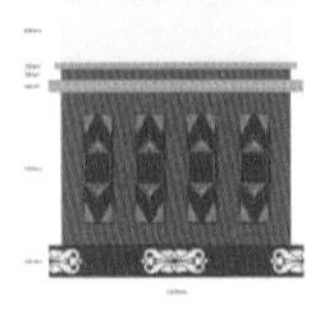

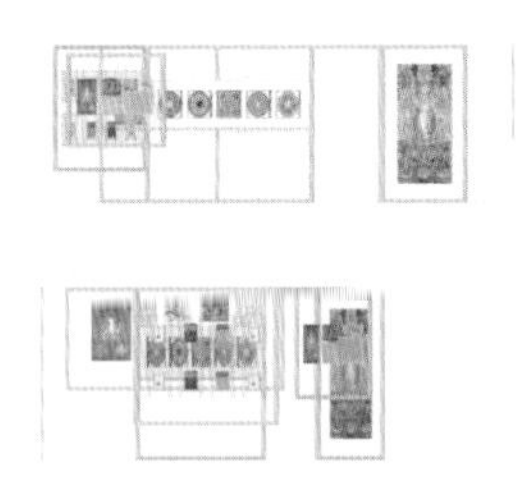

由藏文文字形态转化过来的组合展架，功能也更加丰富，在空间上形态多变，结合文献书籍、传统纹样、唐卡，图文并茂，内容及形态的丰富性给这呆板的室内空间增加了更多的可能性。

① 文字图像展示
② 图腾纹样展示
③ 唐卡展示
④ 文献书籍展示

位于室内中央的展架，设计灵感来源于藏语格萨尔王的字符，经过简化、变形、拆分、演变而来，使整个室内在空间、流线上更为丰富。

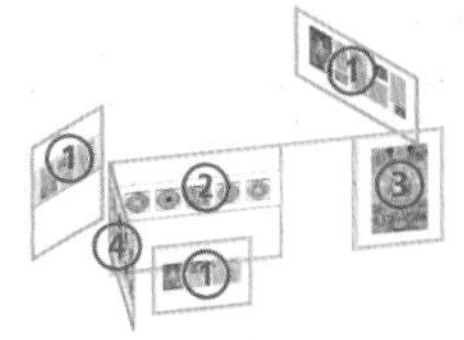

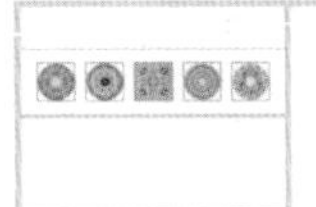

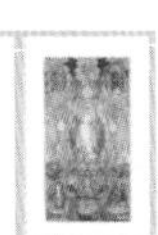

文化馆部分

元素提取

纹样

肌理

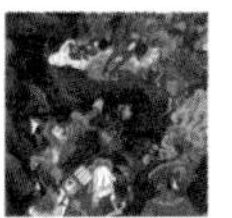
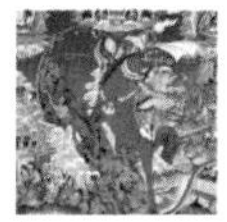
唐卡

本展厅以英雄史诗格萨尔为主题。图像学层面呈现出多种艺术形式，依据我国民族地区的分布情况来进行布展。

文化馆在民族化的体现上没有文献馆明显，它更偏向于一个现代理性的空间，在一些细节的处理上结合藏式纹样进行装点，室内空间的排布依据时间的发展概念，结合参展人员的流线，营造从过去到现在的一个跨越时间展示，将参观者带入其中，环形的展架增加了空间的趣味性和浏览信息的多样性，使参观者的兴趣更加高涨。

室内流线整体是一个贴近四周墙壁的环状，根据墙面的布置从入口开始是一个大的时间发展的流线，从过去式到现在式，加之中间环形的一个封闭流线和半包围的吊廊，使整个空间体验变得有趣，耐人寻味。

本展厅展出的内容包括面具、唐卡、笔画、雕塑等。

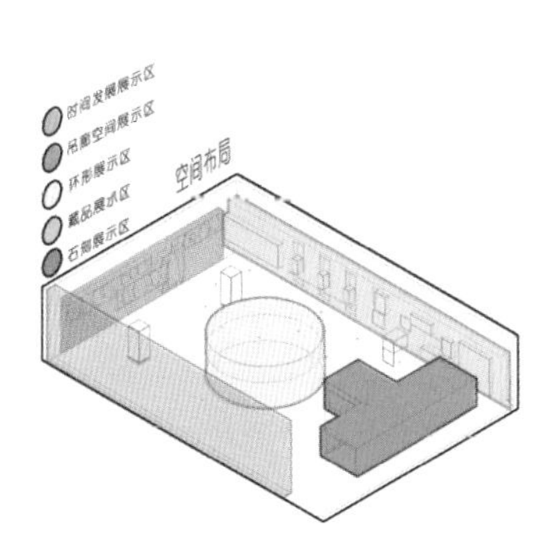

室内展示空间分区从入口开始结合人流动线，以时间轴的概念进行布局，从开始到结束对应着从过去到现在的时间体验和空间体验，亮点是中间的环形展示区，从流线上看圆环是没有开头结尾的，结合这一特点做了一个综合信息的展示。

材质更贴近现代常用材质，民族风格相对减弱，材质间对比强烈。

① 深色木工板

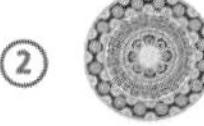
② 彩色花纹地面

③ 粗糙石材

④ 浅色水磨石

⑤ 深色板材刷漆

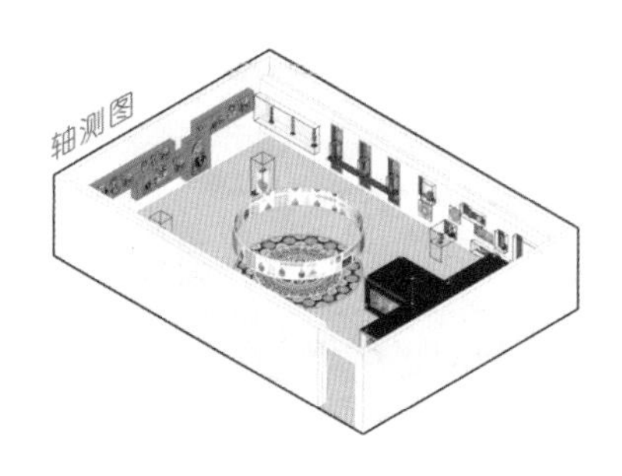

彩平图

从四川博物院复制的 16 幅格萨尔唐卡；或从藏区民间征集具有文物价值的格萨尔唐卡；以及入选世界级非物质文化遗产名录的“热贡艺术”传承人处，征集的具有格萨尔文化内涵的 3~5 幅唐卡。现阶段展出《格萨尔王传》中 32 员大将的面具，将来进一步补充、完善。

国内外收集格萨尔的插图、各种版本的《格萨尔王传》文本，乃至译成多个民族语种的译本，集中展现浩如烟海的格萨尔文献及其传播图景，以独特的圆环形展示，以谦卑的姿态进入内部空间，增加参观过程中的严肃感，给人一种奇特的感官体验。

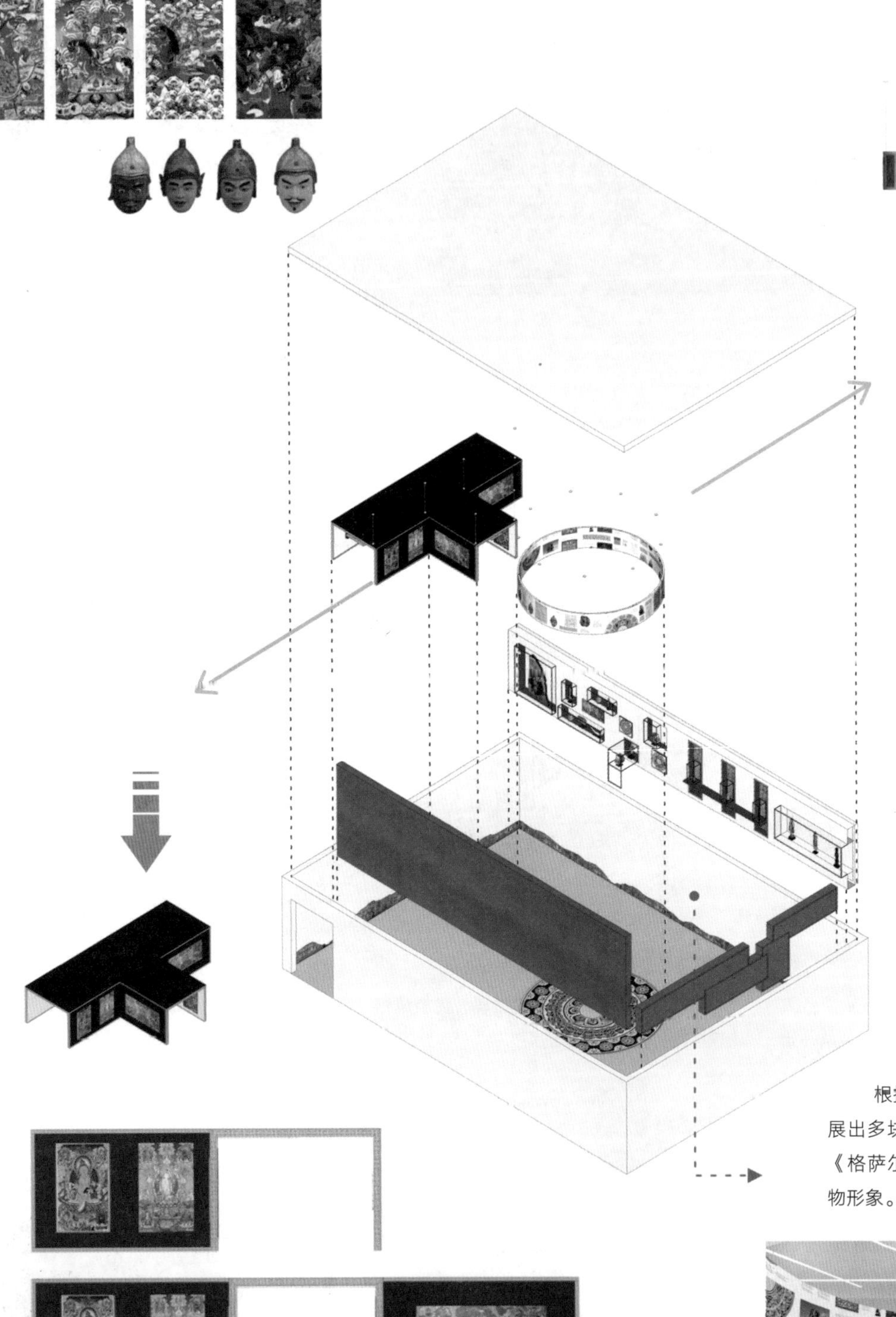

根据《格萨尔王传》的文本内容，展出多块图文并茂的石刻遗产，彰显《格萨尔王传》中栩栩如生的各种人物形象。

作品名：格萨尔王文献馆及文化馆设计——展示设计 | 学生姓名：温宇　指导老师：洪樱

ASCLEPIUS CLINIC
医疗诊所设计

学生姓名：苏醒 谢各各 指导老师：范寅寅

“ASCLEPIUS”（阿斯克勒庇俄斯）是希腊神话中的医神，拥有治愈的能力。ASCLEPIUS诊所坐落在北欧五国之一的芬兰，独特的寒冷气候元素反映在建筑色彩上，以木色、水泥、白墙三种元素体现出特有的北国风情。

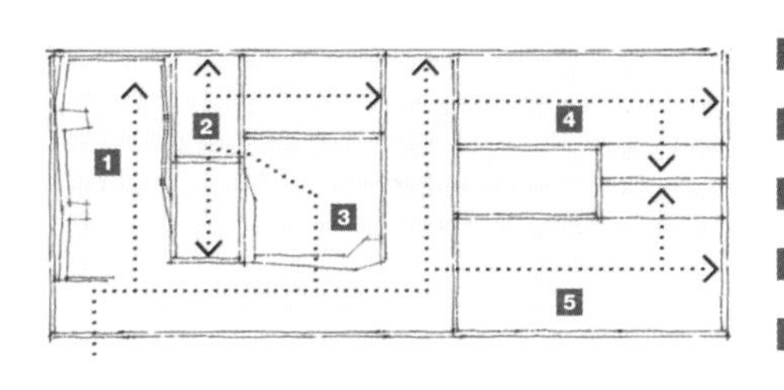

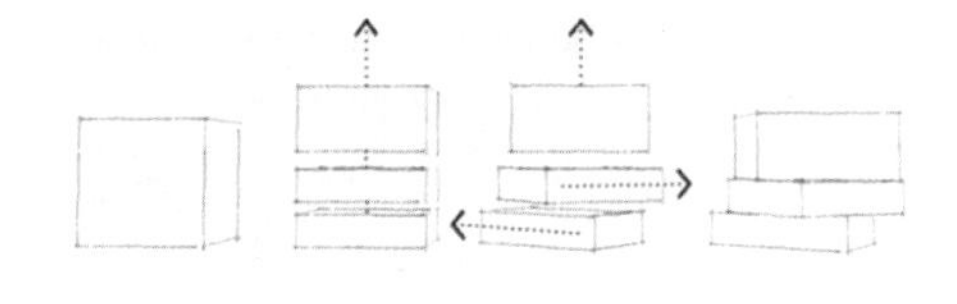

功能层面，诊所交通流线必须满足作为医疗服务设施应有的无障碍设计等技术规范；精神层面，则是因为病人在等待期间所处的空间环境会影响到其生理及心理状态；舒适的采光和材料让室内空间对病人心理起到积极作用。

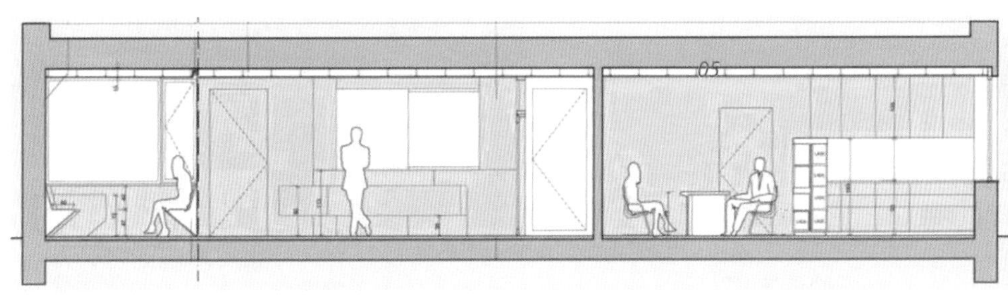

这是一个一层高的长方形建筑体，空间植入了以折线为语言的体块设计，在满足不同区域使用功能的同时，形成了完整连贯的空间体验。从精神和功能两个层面出发，确定了诊所的空间理念和整体设计。

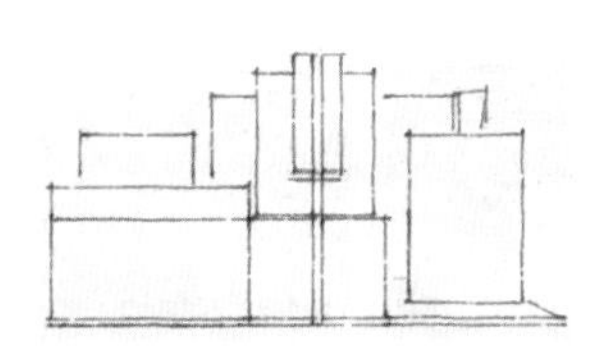

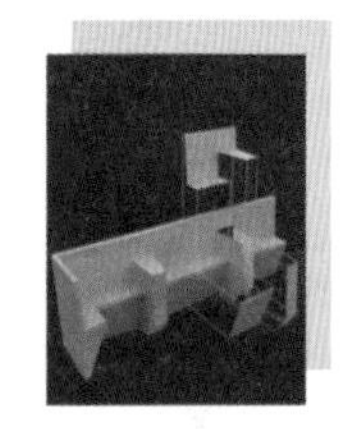

浅色木质长方形体块让内部空间显得明亮柔和。在等候区，长方形体块从墙面延伸出来，小型岛状书柜穿插其中，分割成数个小空间，同时折线造型可遮挡视线，病人等候更加舒适。

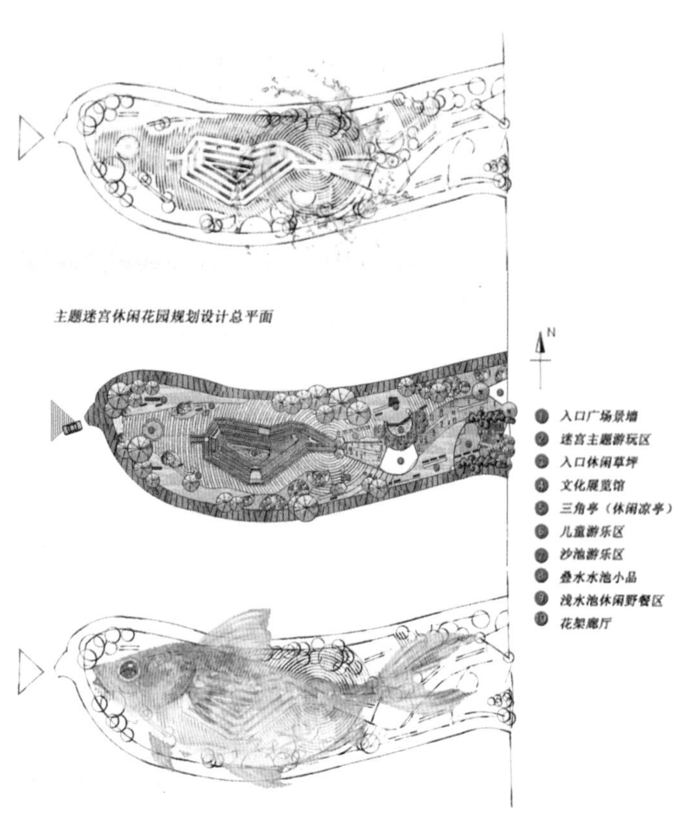

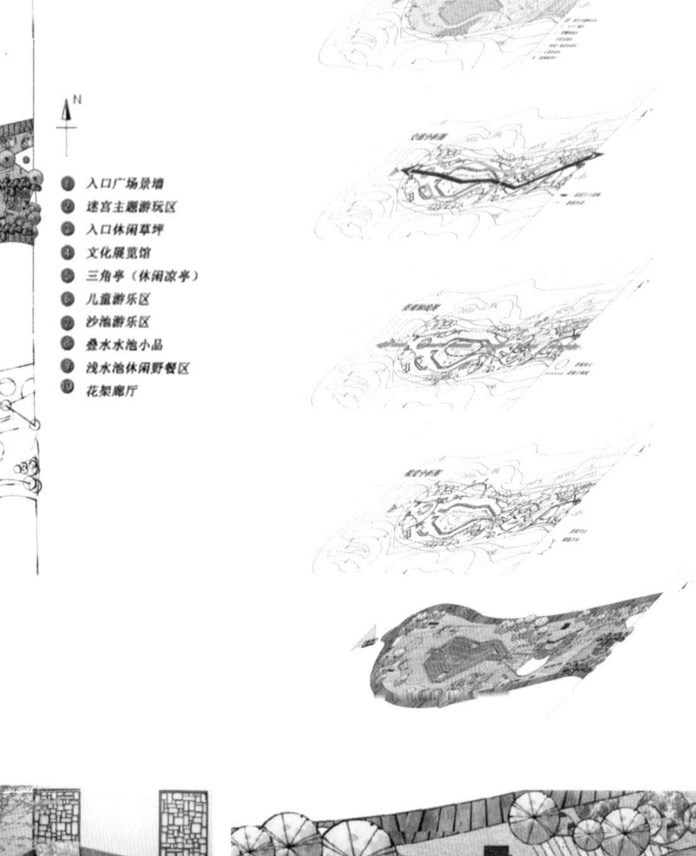

Fish Labyrinth
麓湖中的一尾鱼 寻寻觅觅有童趣

学生姓名：赵珊珊 指导老师：徐莉

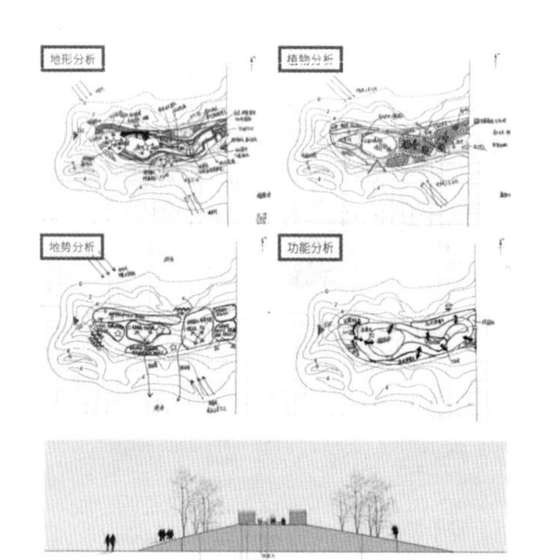

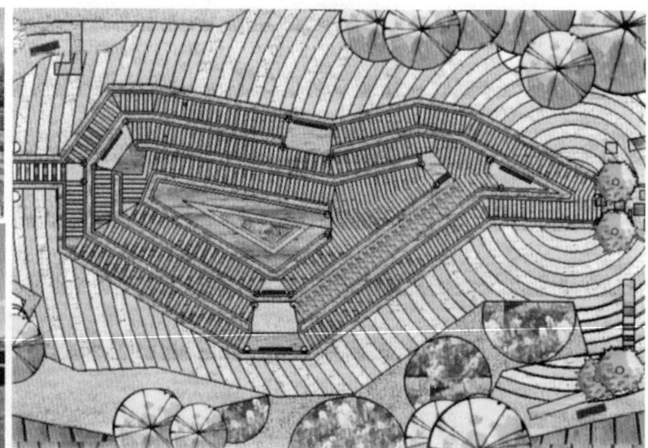

设计灵感

在深海中一条鱼缓缓游动，水波一圈圈荡漾开来，在地面上石材与草坪交替铺排。

主要景观小品作为引导人们视线的焦点存在，同时也烘托并呈现花园的主题。

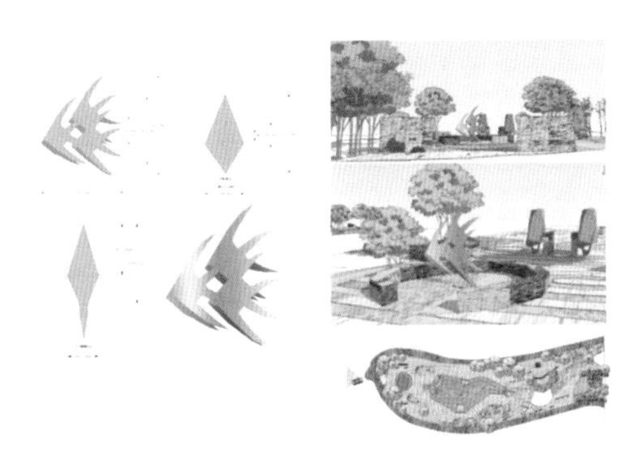

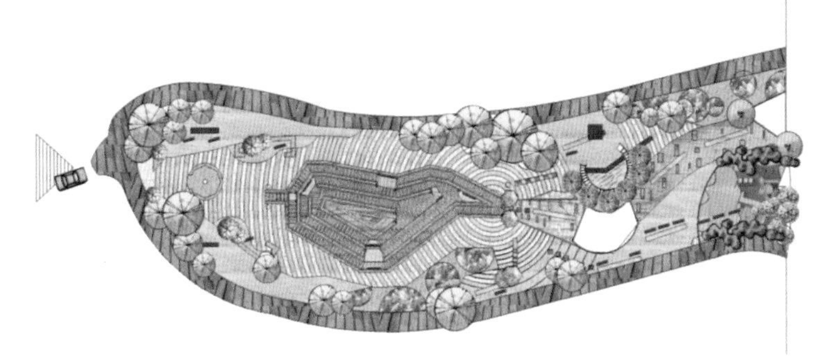

Graphic renderings

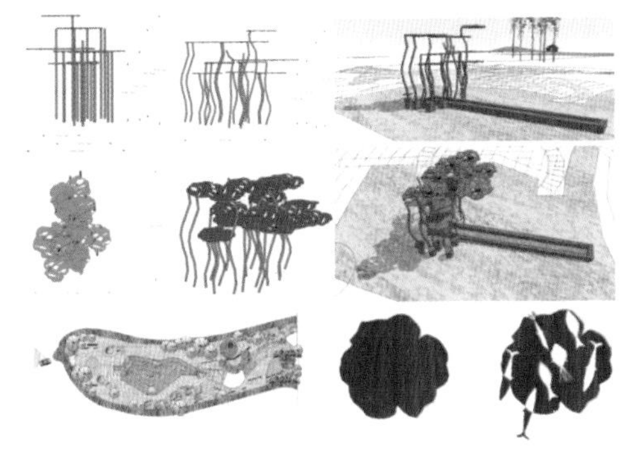

景观小品设计

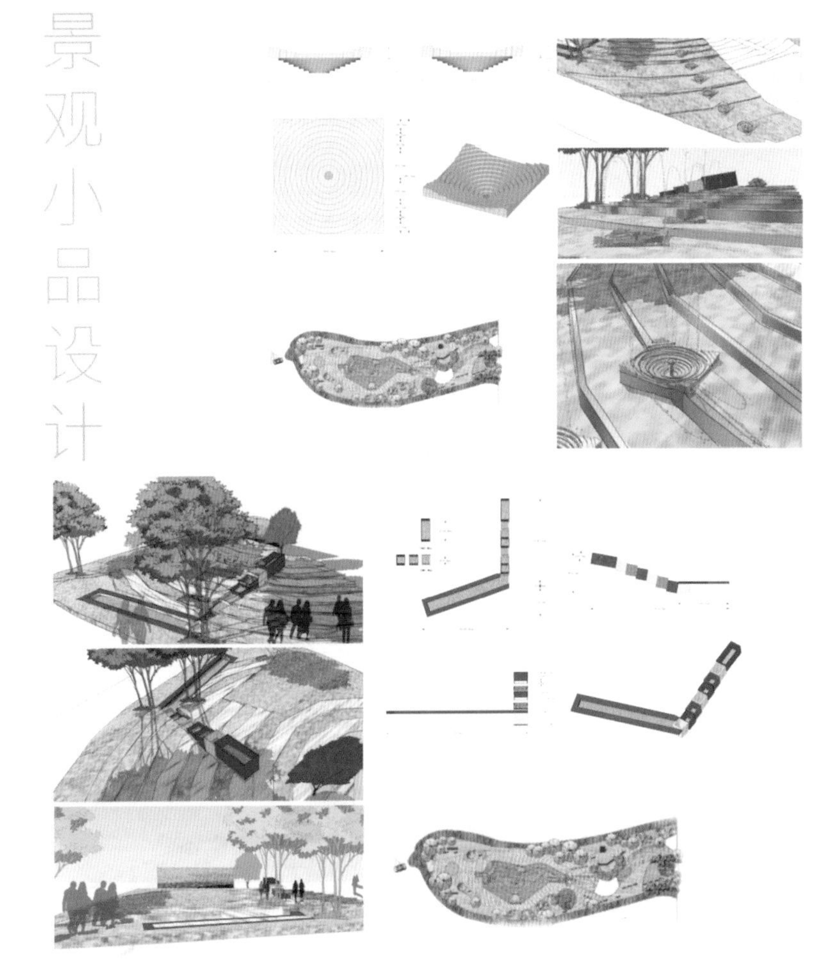

学生姓名：温宇　指导老师：徐莉

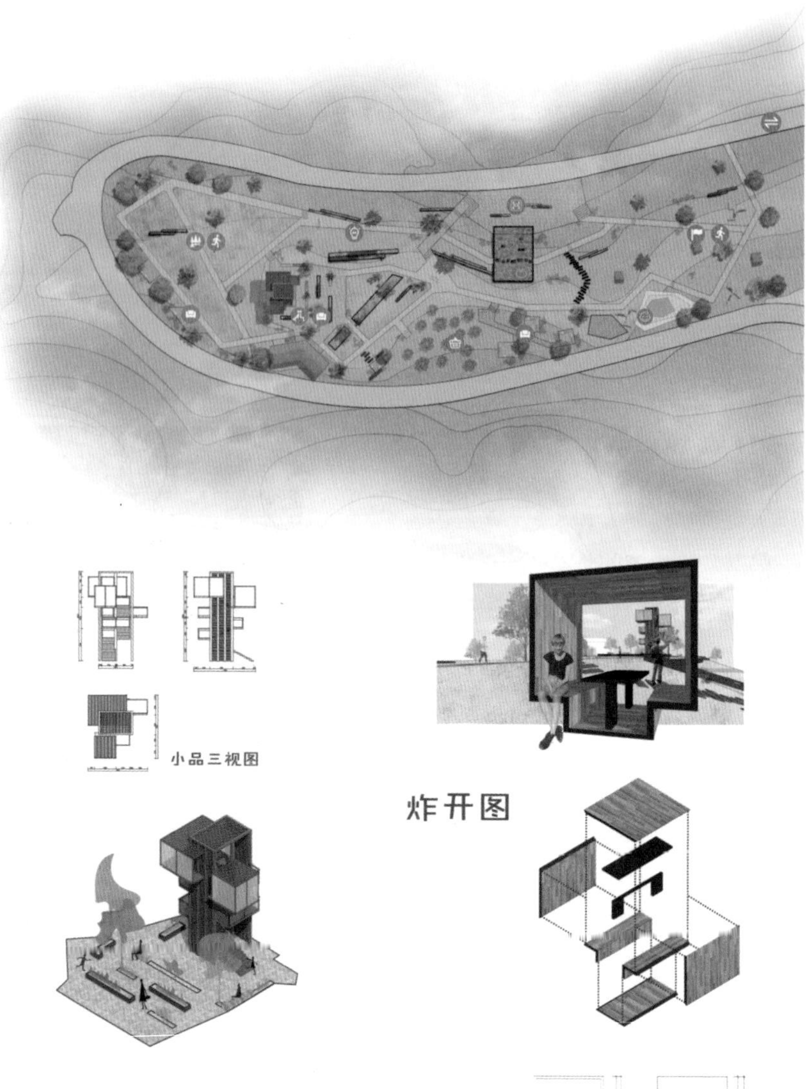

整体构思围绕有趣、交互、参与的方式，让小品有机地渗透到自然景观中，使人在游玩中能体会到整体的节奏感、互动参与感，同时也参考观察周边的人文环境，做到与之融合又有层次。

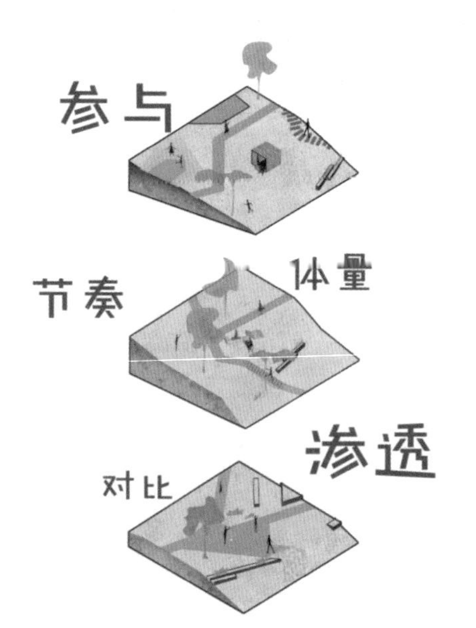

景观小品的设计中，将整体布局中自由、结构、有趣的概念进行深入的映射结合。考虑小品在景观中的关系、人和小品之间的关系，运用金属、木材，自然温和与硬朗的碰撞，结合所在的地形，将关系、视觉、互动、渗透充分与周边环境结合。

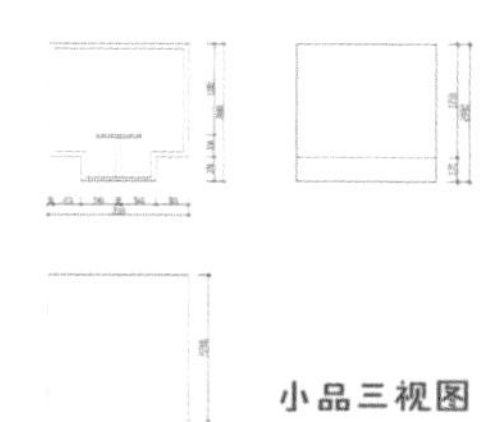

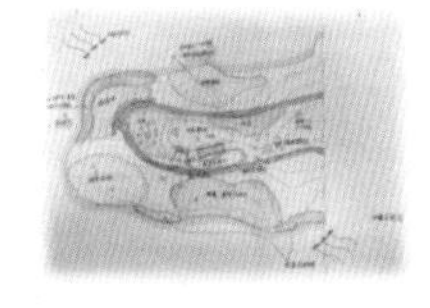

前期构思

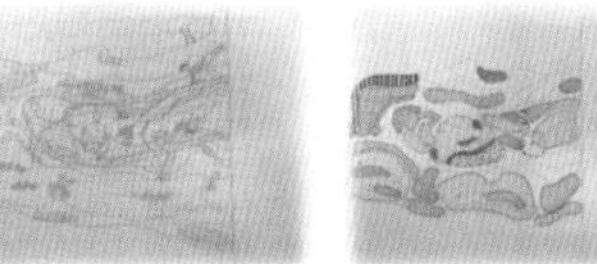

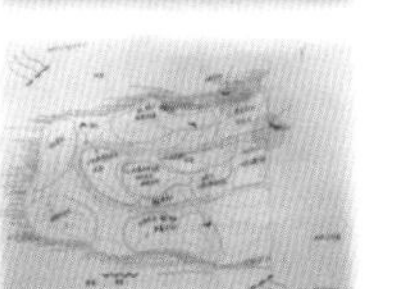

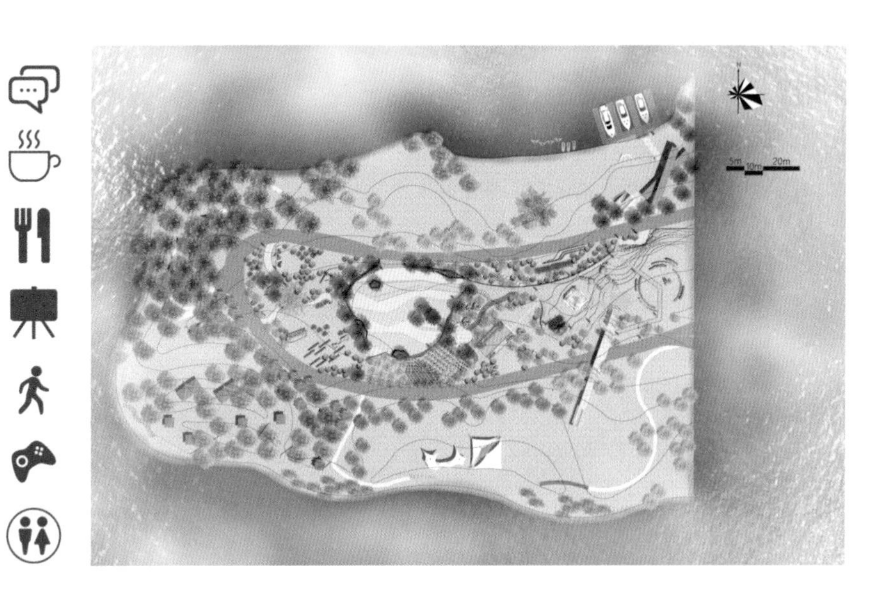

设计理念

现代意义上的景观规划设计，因工业化对自然和人类身心的双重破坏而兴起，以协调人与自然的关系为己任。与以往的造园相比，最根本区别在于，现代景观规划设计的主要创作对象是人类的家，即整体人类的生态系统；其服务对象是人类和其他物种；强调人类发展和资源及环境的可持续性。

植物配置以乡土树种为主，疏密适当、高低错落，形成一定的层次感；色彩丰富，主要以常绿树种作为背景，四季用不同花色的花灌木进行搭配。

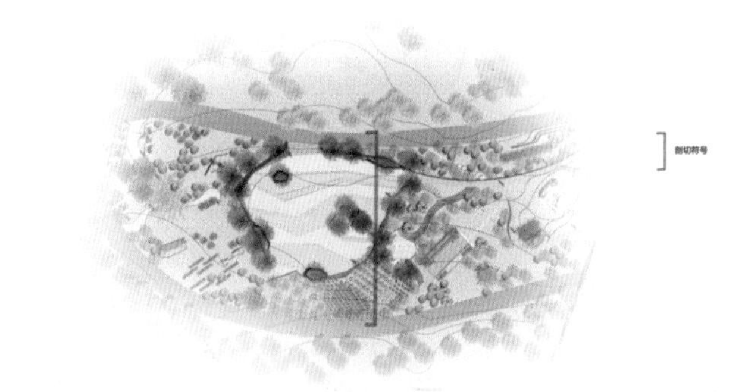

平面分析图

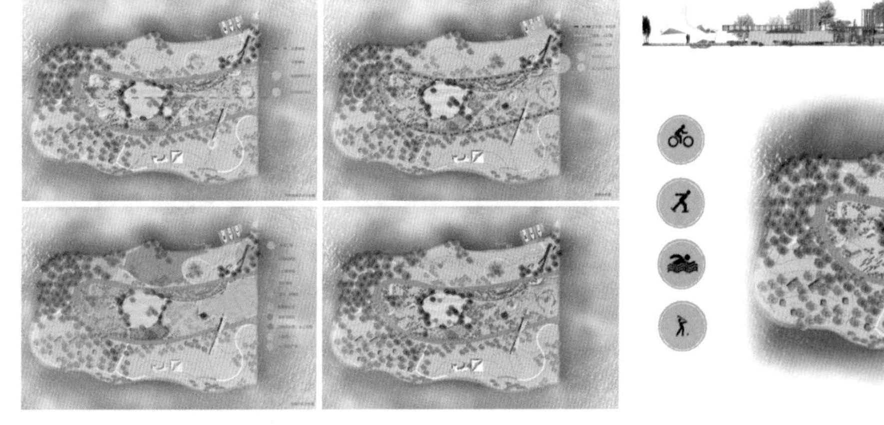

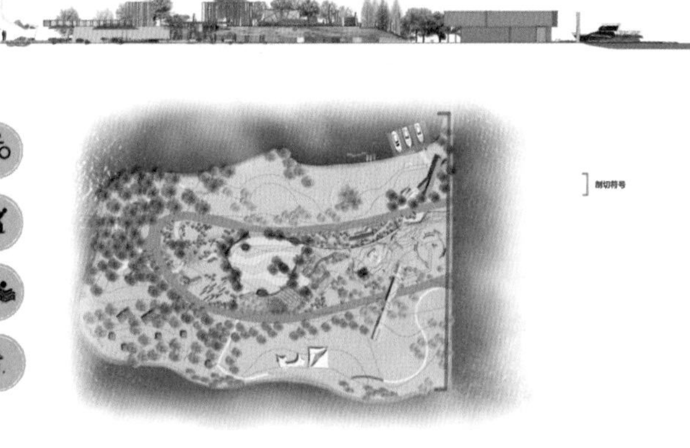

设计亮点

1. 充分发挥绿地效益，满足厂区员工的不同需求，创造一个幽雅的环境，美化环境、陶冶情操，坚持“以人为本”，充分体现现代生态环保型的设计思想。

2. 植物配置以乡土树种为主，疏密适当、高低错落形成一定的层次感；色彩丰富，主要以常绿树种作为背景，四季不同花色的花灌木进行搭配。尽量避免地面裸露，广泛进行垂直绿化以及采用各种灌木和草本类花卉加以点缀，使游园达到四季常绿、三季有花。

3. 厂区之中道路力求通顺、流畅、方便、实用，并适当安置园林小品。小品设计力求在造型、颜色、做法上有新意，使之与建筑相适应。周围的绿地不仅可以对小品起到延伸和衬托，又独立成景，使全区形成以集中绿地为中心的绿地体系。

意向图

小品效果图

景观效果图

广州中学校门设计

学生姓名：赵永朝 李金垠
指导老师：刘伟

设计说明

2017 年 2 月，广州市委、市政府批复成立“广州中学”，将原四十七中学的四个校区并入该校。广州中学共设凤凰、五山、名雅、龙口和天润五个校区，本校设立在凤凰校区。将“广州中学”设立在天河区，弥补广州市暂未有以这座千年古城命名的中学的历史遗憾，更好地助力广州市教育发展，同时也将展示天河作为广州新城市中心区的魅力。

我们从广东文化印象（如传统艺术的意境、品格、色调、特征等）、广州建筑元素（岭南建筑发源地，建筑构架、斗拱、地标建筑广州塔等），国际地位（海上丝绸之路重要港口，“一带一路”必经地）中整体领会，加以整合、提炼。强调广州地域、岭南文化、时代精神三要素，设计出概念校门主题，通过概念主题来整合元素，表达广州的文化精神与气质。

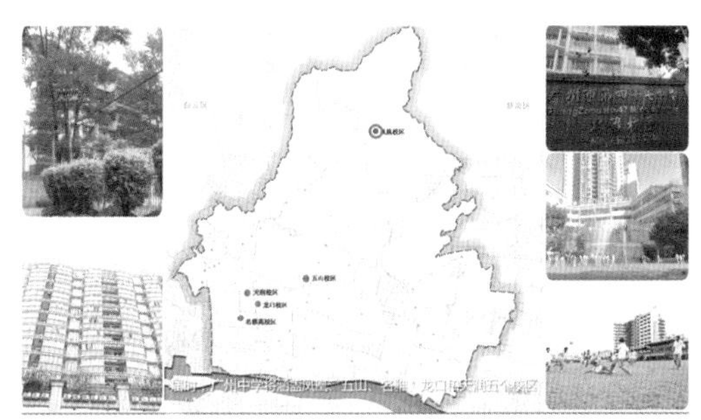

1. 校门总体设计综合岭南文化元素、海上丝绸之路、广州地标性建筑，结合现代广州国际大都市气息，提取元素在设计上得到了很好地运用，增加了校门的层次感、时代感。

2. 考虑设计要求“车道居中，人行两侧”的交通组织方式，设计入口两侧分别是人行通道，出入口不分，中间设计成为车行通道，减少了人流和车流交织，避免了安全隐患。

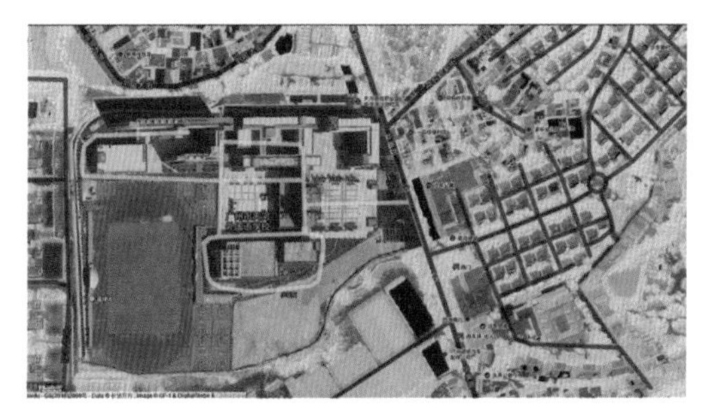

3. 校门设计满足保卫室、传达室、值班室三室一体，也满足人车通行功能，兼顾了安全性和实用性。

4. 校门的比例和尺度、造型，充分考虑校园内部现有的建筑风格，提取建筑元素加以运用，与现有图书馆等建筑风格协调。

5. 校门色彩处理与现有建筑界面的色彩、肌理相呼应，营造出独特的空间氛围，体现出了校园建筑的精神内涵。

意向概念

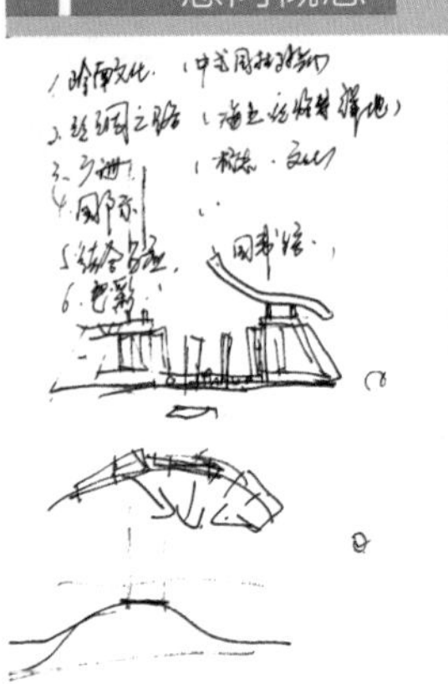

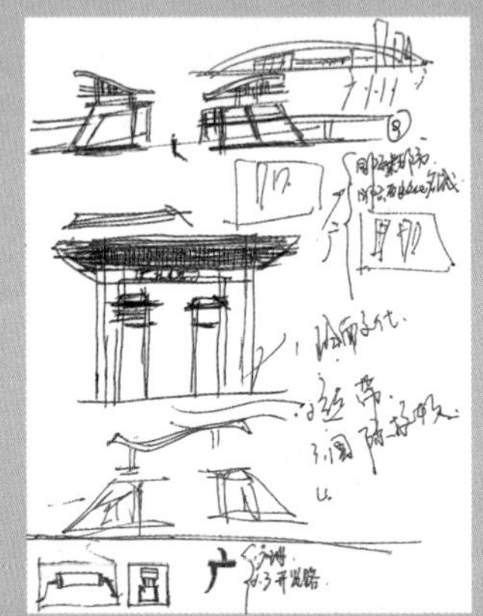

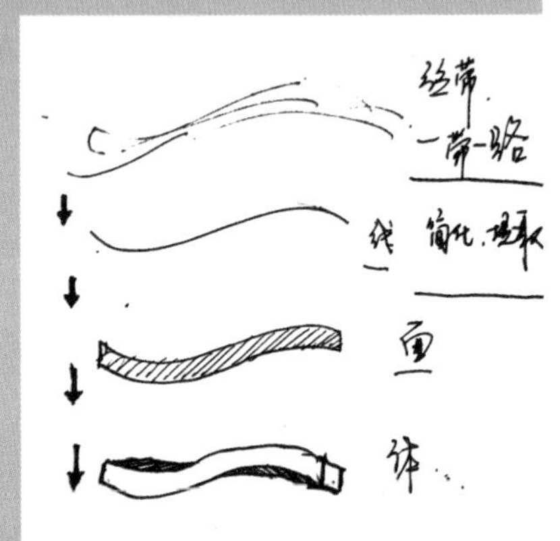

丝带演变

以海上丝绸之路发祥地为主导，结合“一带一路”标志、海上丝绸之路航向为设计演变依据，提炼简化，运用点、线、面的构成关系推理得出最终的设计意向。

标志演变

广 州

以地标建筑广州塔为灵感来源，结合中国汉字“广”成为校门的设计元素，最终与门卫室外立面结合。

标志演变

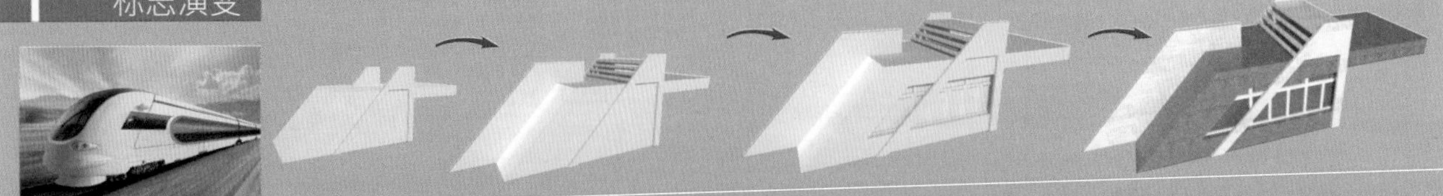

广州作为国际化大都市，高度现代化的发展与国际接轨，学校在国际教育等领域培养拔尖人才，走在广州前沿，以快车道、高速列车为灵感，结合路上丝绸之路，确定火车头造型，与汉字“广”融合。

元素演变

岭 南 建 筑

岭 南 建 筑

岭 南 建 筑

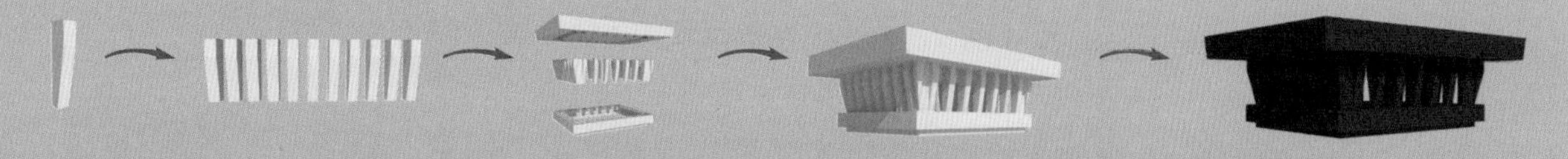

广州是岭南文化的中心，通过对岭南建筑元素的提炼，斗拱等建筑构件的演变，结合中西文化及设计处理手法，以及对岭南建筑屋顶造型的简化提取，在校门入口柱身上运用体现。整个校门结合岭南文化、广州地域、国际化都市时代精神为一体，具有浓郁的岭南传统文化特征，又体现了广州作为国际化大都市的现代气息。

设计尺寸

建筑总长 39m，最高点为 9.4m。采用中间行车两边行人的人车分流设计，高度融合了广州的地域性、文化性、时代性等特征。

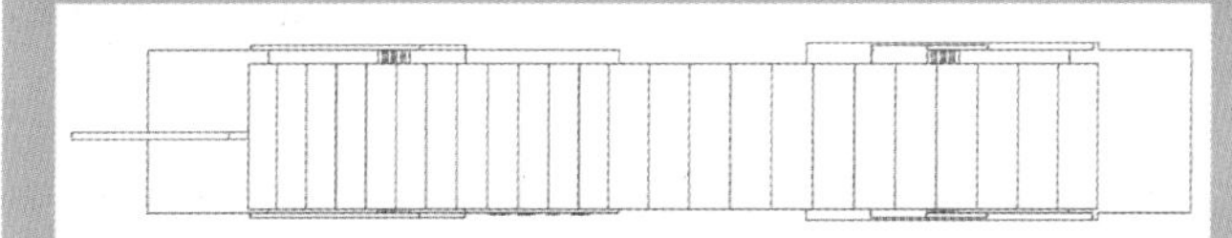

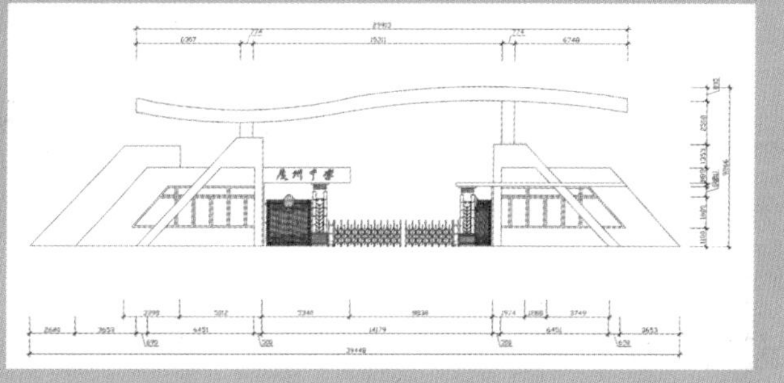

蓉城科技馆概念设计——空间设计与模型制作

学生姓名：赵永朝　指导老师：许娟

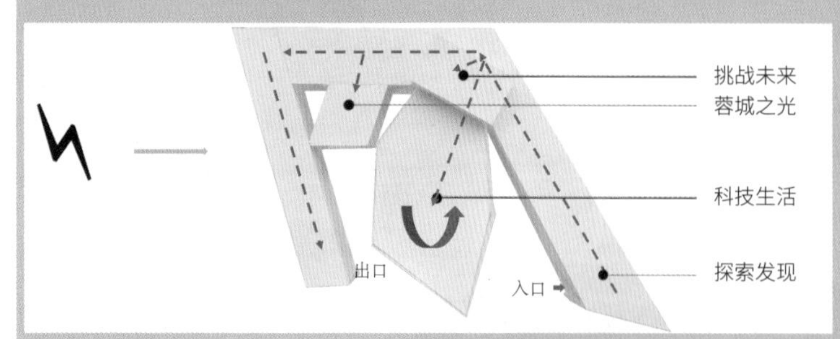

以闪电元素为建筑造型，三角形、菱形、四边形、六边形等构成元素。进行空间划分，营造出科技时尚的建筑造型与内部空间。空间体量满足人体尺度，空间导引具有方向性，有较强的空间形式感，关系明确、主次分明，功能区域划分合理，内外空间形式统一。

通过理解空间概念，用模型把空间想象力表现出来。空间组合形式上，有包容、连接、穿插等空间关系。各空间皆具有相对的独立性，采用分割、围合、一层抬高的处理手法。

顶视图　前视图　俯视图

私人展览馆概念设计——空间设计与模型制作

学生姓名：李金垠　指导老师：许娟

空间的侧界面形成的夹持具有分流、导向的作用。围合是人们对空间侧界面的另一种限定。围合具有凝聚、界定和私密性，也有强烈的方向性与简洁性。

面对四壁，心理必然阻塞、沉闷，若局部通透，视线能内外连续，人的情感将与自然交汇。

顶视图

俯视图

前视图

1958 SOURTH
四川德阳耐火厂景观改造

学生姓名：罗鸿 张宇琦 韩娜 孙爽 边梦迪
指导老师：洪樱

工业化是城市崛起的基础，工厂是城市辉煌的时代象征，政府、市民都寄希望于保存它的物质形态，以及其向艺术创意园区的转型。然而基于 798 等园区面对地价升高以及艺术商业功能互换等问题，并不能使创意园模式持久发展。

作为城市设计，理想的理论政策研究需要应用到空间载体上。大厂房的切割能满足多样性开发的空间需求；高度上的混合开发以及错综复杂的厂房建筑最终形成了如机件嵌套般的平面形式，达到商业空间、艺术空间、开放空间、公共交通空间开发的相互渗透。21 世纪快速的城市化浪潮席卷中国，那些与城市化不再兼容的工业物质在此时将面临转型。

同样地，位于居民区的德阳耐火厂，该园区内大部分建筑与空间上的改造，都整合得较为流动，注重建筑单体内部与外部的交通和联系。如一层定位为开放式的办公空间，观演区也拥有较大的流动空间，可作为一些大型的艺术类沙龙及发布会场地。手工艺品展示区也可作为工艺体验区，在欣赏独具风味的艺术品的同时真切地感知传统文化的深度。

对于熟悉老建筑改造的人来说，整旧如旧的原则一定不会陌生，而耐火材料厂改造之后的再生，除了满足这一原则之外，还不可忽视其改造、规划的过程中考虑到它对城市文化的意义，对历史遗产保护与再利用的尊重，所以该园区的改造才能将旧工厂特有的宏大空间，工业建筑的大桁架结构等特色与现代艺术相结合，使得新旧空间互相结合、流动、自然过渡，以保护原生态为基础，又融入了许多耐人寻味的艺术细节，使得“再生”之后的建筑体系不仅承载了建筑原有的意义与价值，更加散发出挡不住的时尚锋芒，做到与现代艺术的完美融合。 通过一系列的艺术展示、艺术产品的交易与生活服务，该园区将吸引大量的关注，多类型的商业品牌入驻使其商业氛围浓重，更显高大上。

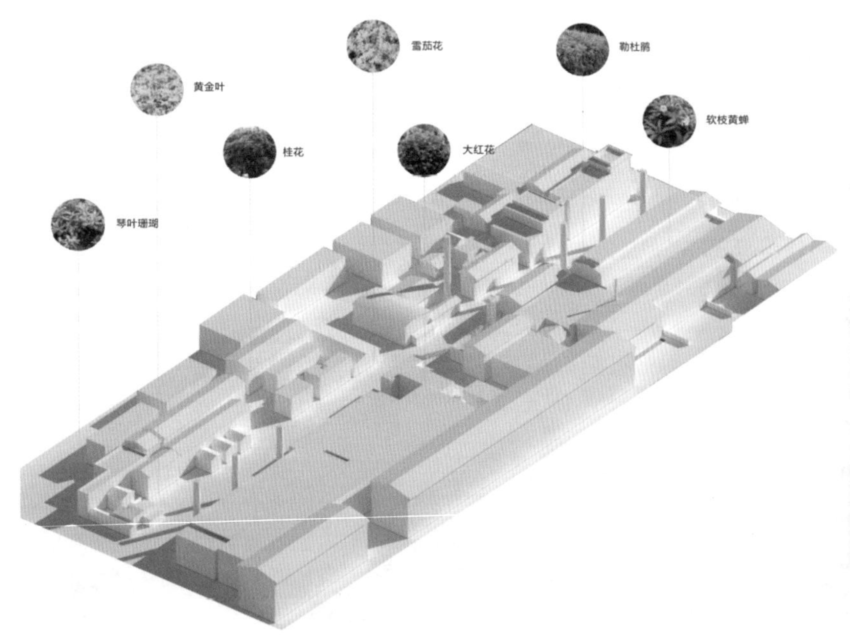

混合功能分区、切割租赁促使空间多元化，从而引入开放空间、公共交通以及生态绿地。对于位于城市建成区的工厂转型的实验，场地可以达到一定程度上的经济、社会以及生态可持续性。

城市建成区艺术创意园区的发展将遇到乡绅化的挑战，艺术及商业主体之间的矛盾会被激发。但最终结果是，由于土地升值的压力，商业将会成为胜利者。

然而，我们认为城市设计者的职责便是去平衡多方的需求，极力保有艺术气息的同时，不能忽视经济效益。有没有商业与艺术平衡的可能性？

项目发展的稳定性及持久性决定于其功能、活动的多样性。具体来说，就如土地功能的混合开发，商业及艺术功能的拓展。同时在经济范畴，这种平衡也需要如网状延展的分层次的开发管理体系，匹配公私主体共同开发的资金平衡。

餐饮区示意图

装置设计示意图

过道示意图

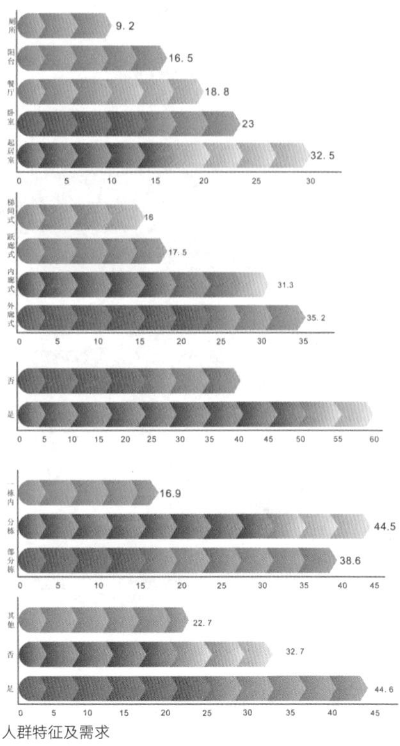

人群特征及需求
调查问卷分析及结果

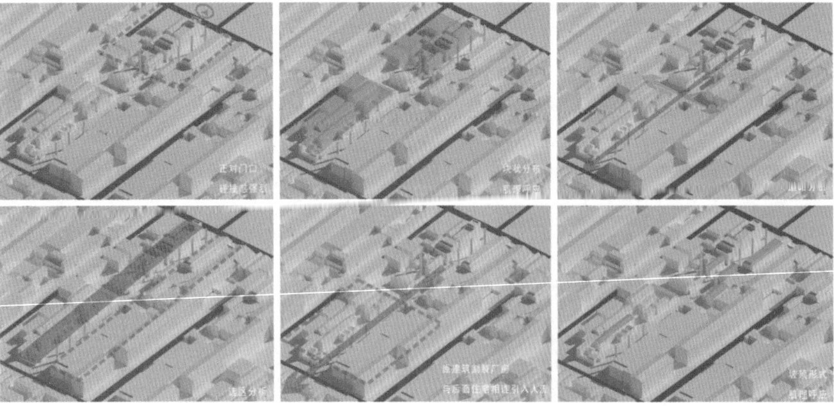

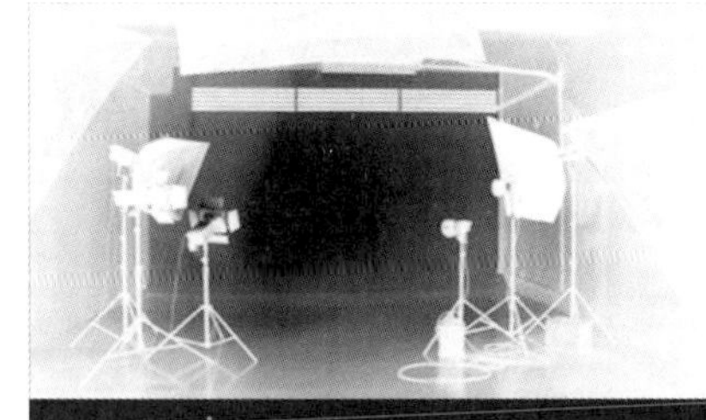

该工厂位于四川省著名工业城市德阳市的旌阳区，原本为耐火材料厂，因污染严重，现在基本上是一个废厂。该工厂地处四川德阳工厂聚集区。

工厂周围围绕着以砖瓦房为主的村落，一小部分村民还会把房屋出租给周边的工厂作为作坊使用。这一次，我们主要把该工厂打造成集观演区、手工艺品展示区、餐饮、住宿、艺术展区、艺术工作室等于一身的文化创意园区。

为这个工业聚集区带来了文化与视觉的冲击，丰富了业余生活。材料厂也不得不走向尽头，它将何去何从？

合租青年：共用厨房餐厅卫生间私密性较强

三口之家：居室合理分配大起居室更能享受家庭之乐

老人：需要额外的卧室供子孙探望时居住 需要大阳台

新婚夫妻：起居空间较大合适的阳台有助于氛围

多代居：房间配置合理生活起居有分有舍

单身白领租赁青年：空间配置舒适合理且经济

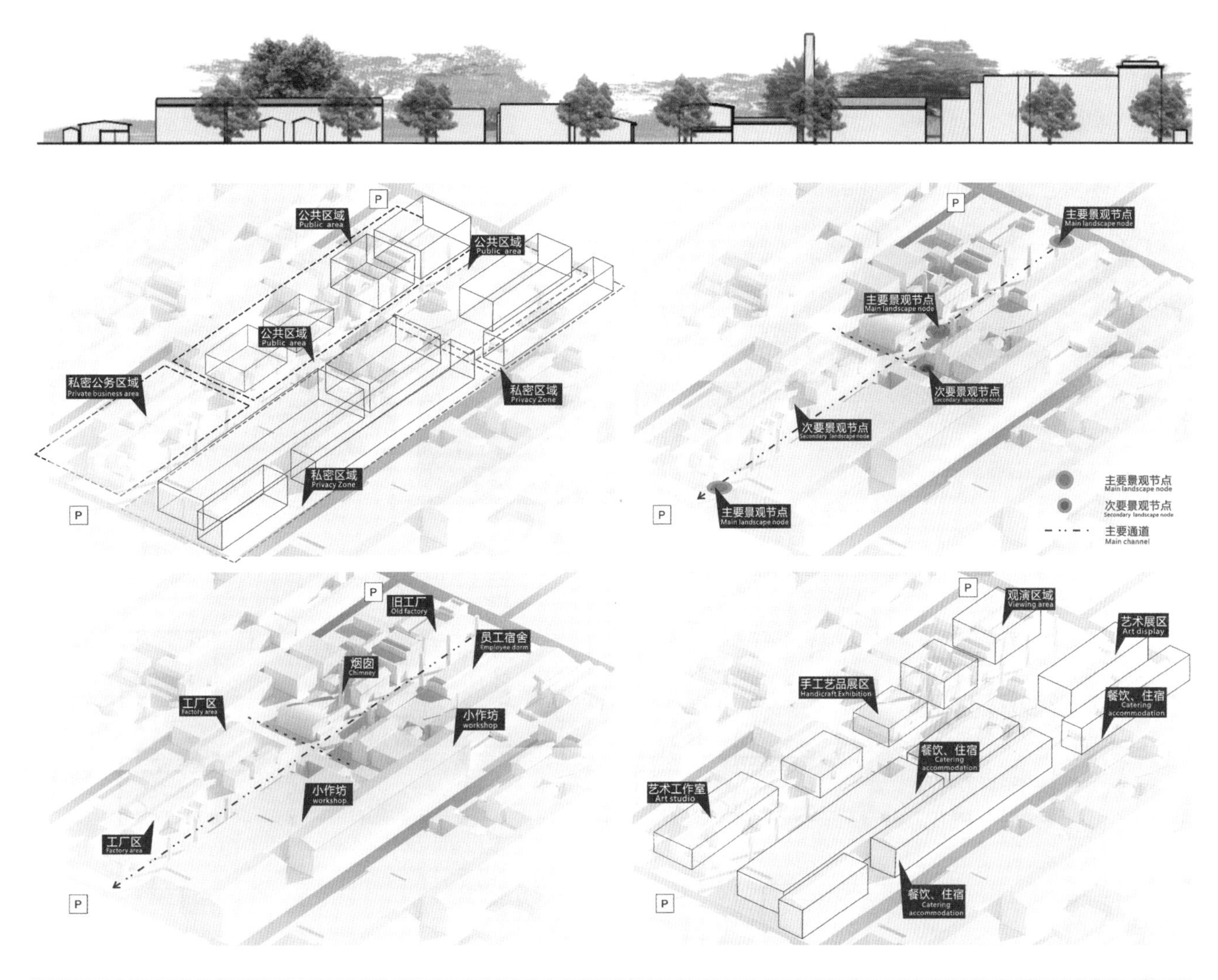

公共区域
Public area
公共区域
Public area
公共区域
Public area
私密公务区域
Private business area
私密区域
Privacy Zone
私密区域
Privacy Zone
P
主要景观节点
Main landscape node
主要景观节点
Main landscape node
次要景观节点
Secondary landscape node
次要景观节点
Secondary landscape node
主要景观节点
Main landscape node
主要景观节点
Main landscape node
次要景观节点
Secondary landscape node
主要通道
Main channel
旧工厂
Old factory
员工宿舍
Employee dorm
烟囱
Chimney
工厂区
Factory area
小作坊
workshop
小作坊
workshop
工厂区
Factory area
观演区域
Viewing area
艺术展区
Art display
手工艺品展区
Handicraft Exhibition
餐饮、住宿
Catering accommodation
餐饮、住宿
Catering accommodation
艺术工作室
Art studio
餐饮、住宿
Catering accommodation

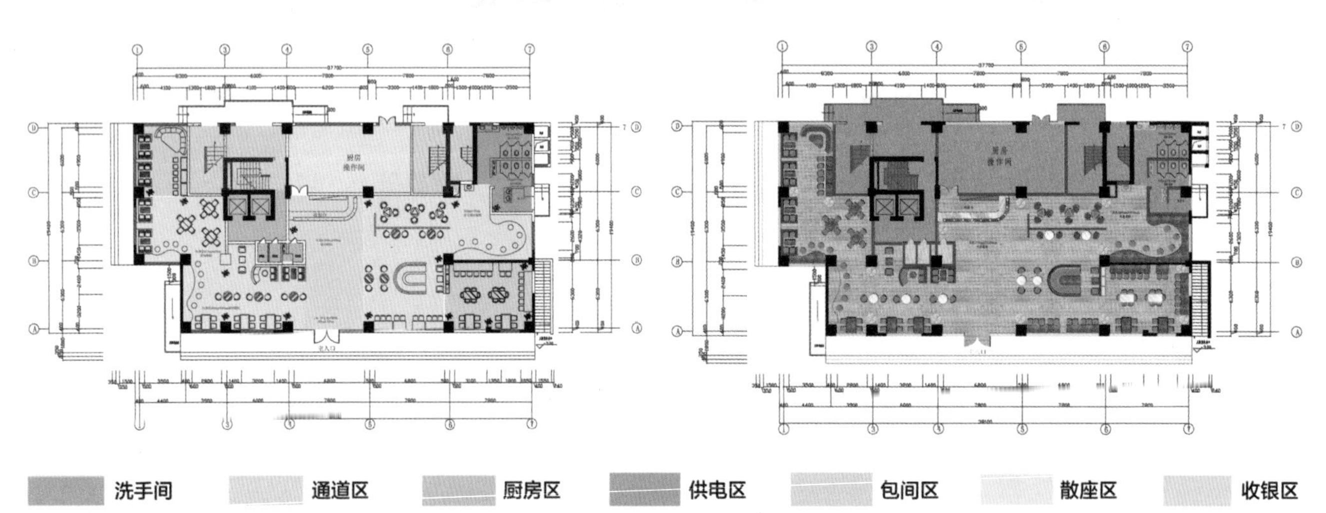

泰迪熊主题餐厅

学生姓名：罗鸿
指导老师：凌霞

以泰迪熊工厂为设计灵感主线，整体色调是亲和的暖木色和复古工业灰。简洁的原木桌子和线条简单的座椅带来一些怀旧的感觉。原木、铁件与不锈钢等冷冽元素结合，辅以色彩的大胆运用，使得空间富有节奏。

Villa De Bear 泰迪熊主题餐厅，把欧洲泰迪熊工厂的冷硬风格融入餐厅设计中，并保留了原来老旧的砖墙，使室内外风格一致。与卡通形象主题馆设计最大的不同在于不会过分甜美，软硬兼具的设计风格，低调神秘的工业风和小趣味充分结合，提升了整个餐馆的质感，柔和与格调并存。

主题餐厅被划分成三个区域，其中包含用餐区、休闲区、厨房区。为了将泰迪熊工厂更加逼真地搬进餐厅，还特别设置了材料准备、缝合、塑模车间，每个区域使用的装修材料也有所不同，包括原木、金属、皮质、水泥等。

采用白色文化石墙，简洁的原木桌子和线条简单的座椅，而拼贴的地面借助纹理的延伸，放大了公共领域的空间视感。悬挂在天花板上的巨大彩色线轴，既像飞舞的斗篷，又像彩色的云朵，增加了趣味性。巨大的木制齿轮错落分布，让客人恍然进入了工厂。怀旧复古的齿轮和调皮又沉稳的风格组合在一起，平衡了视觉冲击感，给用餐的客人带来特别的体验。

Brand VI design
品牌 VI 设计

Material analysis diagram
材质分析图

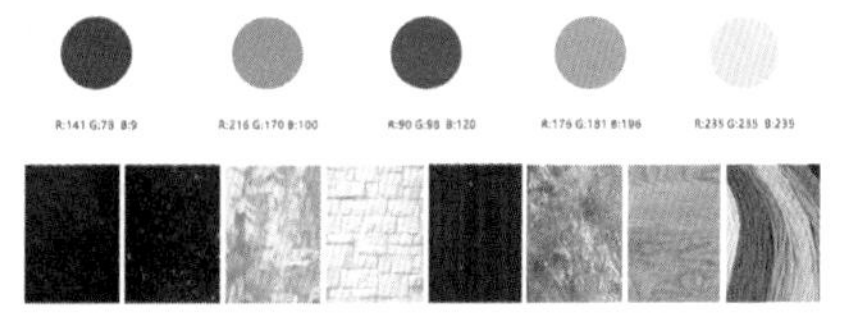

收银台：浅木纹的背景上镶嵌着大小不一的齿轮，与圆形窗口相辅相成。曲线的结构使得视觉上更加柔和流畅。

散座区：整齐有序的桌椅与错落的圆形纽扣形成鲜明对比。点点灯光洒下，原木材质反射出柔和的光芒，空间显得俏皮活泼。

隔断：用方与圆撞击出特别的视觉感受。砖墙隔断了用餐区，但圆形窗口透出墙的另一面，点状分布的吊灯让空间充满构成感。

婉居

学生姓名：罗鸿
指导老师：耿新

受日本和式建筑的影响，空间讲究流动与分隔，流动则为一室，分隔则分为几个功能空间，空间总能让人静静地思考，禅意无穷，采用原木、白墙、和纸、木格推拉门构建。这些体现了传统与现代双轨并行的体制，久而久之现代与传统融合起来，现代的作品里通常融入了东方美学的特征。

散发着稻草香味的榻榻米，营造出朦胧氛围的半透明樟子纸，以及自然感强的天井，贯穿在整个房间的设计布局中，而使用天然质材是日式装修中最具特点的部分。客厅中放置了一张大桌子，人与桌子的关系除了可使用之外，设计者还想使人在看到这张桌子时，联到与家人、亲友、恋人相聚的情景。

开放式餐厅让这个区域的活动范围变得自由，桌椅采用原木，亲近自然，墙上的装饰画简简单单。秉承日本传统美学中对原始形态的推崇，彰显出原始材料的本来面目，加以精心打磨，表现出素材的独特肌理——这种过渡的空间效果具有冷静的、光滑的视觉表层性，却牵动人们的情思，使城市中人潜在的怀旧、怀乡、回归自然的情绪得到补偿。

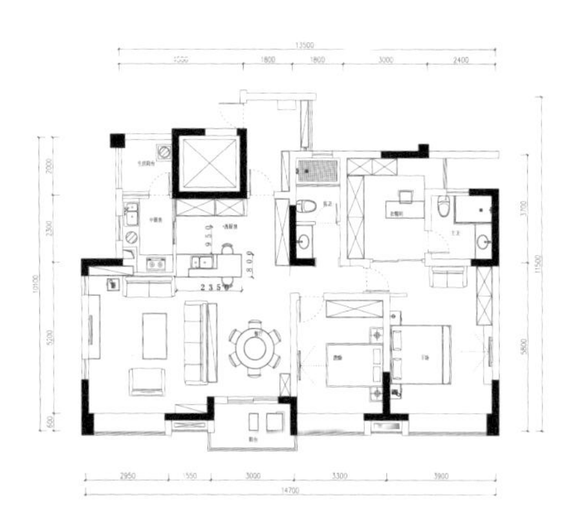

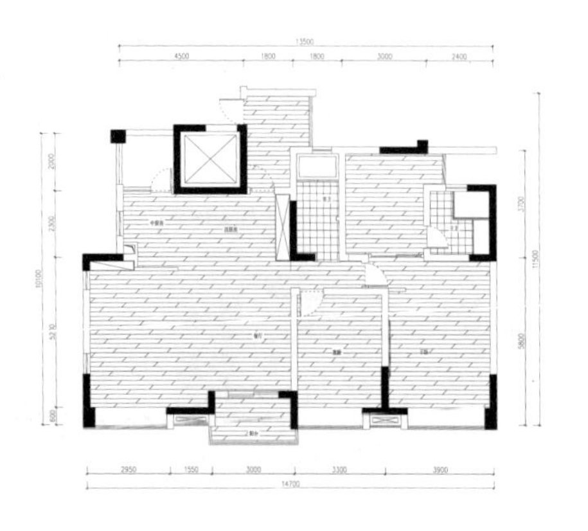

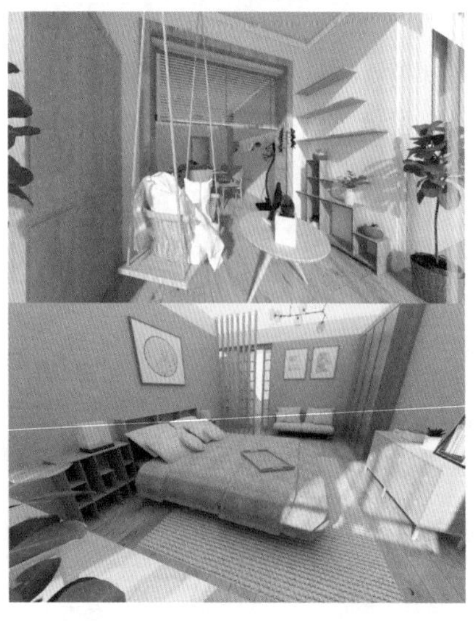

自由之境
—— 一个简单的家

学生姓名：黄媛媛
指导老师：耿新

本方案业主是一对年轻夫妇，男主人是小企业主，女主人是一位设计师。男主人乐于结交朋友，女主人喜欢干净、追求时尚，家中时常有朋友小聚。为满足朋友小聚能有足够的空间，设计师把厨房的墙体打断，打造开放式厨房，增加空间的使用率。现代简约正好是他们喜欢的风格，同时也非常适合他们。

首先，简约不是简单，它是经过深思熟虑后通过创新得出的设计思路的延展，不是简单的“堆砌”和平淡的“摆放”，它凝结着设计师的匠心，空间既美观又实用。如客厅中的沙发，虽然没有欧式的华丽与繁琐，但是它的简单大方依然很美丽，并且这样的沙发可以坐更多人，满足了家里客人多的需求。

在家具配置上，家具强调黑白灰色调，独特的质感使家具倍显时尚，舒适与美观并存。在配饰上，延续了黑白灰的主色调，以简洁的造型、完美的细节营造出时尚前卫的感觉。无论是卧室还是客厅，本设计都集中体现了这一点，同时也满足了业主的要求，避免了白色墙体、吊顶带来的不便，是不错的选择。

现代简约中常常搭配跳跃的色彩，但是女主人喜欢温和典雅的空间，所以本设计注意了颜色的过渡，尽量避免突兀的色彩出现，以满足女主人的要求。本设计在简约的同时给空间注入新的元素，富有趣味性。希望可以让业主在忙碌了一天回到家里能够得到彻底的放松！

互补色之家

学生姓名：张宇琦
指导老师：耿新

设计说明

本项目为成都市金沙住宅小区，住宅面积 120m²。

本项目打破了传统的配色模式，根据年轻屋主的喜好，在室内粉嫩的基调上加入了各式补色，并通过材质选择和过渡色使得空间不拘泥丁传统但仍然舒适宜人，完全满足了少女时期的幻想。

整体空间被饱和度低的粉色所包围，运用红棕色的踢脚线、棕色的桌子、深色的蓝沙发，并没有使用单一的颜色，而是穿插了丰富的色彩，显得更为丰富和谐。深灰色的地面使空间更具稳定性，与轻飘的粉色地互补。卧室内粉色的墙壁在窗台得到了延续，同时与室内同样低饱和度的绿色形成互补关系，并通过白色的砖墙和浅灰色地面很好地中和了粉色和绿色的碰撞，黑白为主调的床品也使空间显得沉稳，营造了舒适的卧室空间。飘窗为房间提供更多的阳光，温暖恬静。

素

学生姓名：张宇琦
指导老师：肖洲

设计说明

本项目为成都市西南民族大学教师公寓住宅，住宅面积为 103.09m^2。

目前很多商业空间流行工业风，大量使用清水混凝土。本方案探索清水混凝土质感在住宅空间中的使用。

为打破混凝土生硬的气氛，空间大量使用原木，给冰冷的水泥质感带来温暖。一面豁达粗野，一面温和婉约，打造了适合年轻夫妇居住、自然舒适又不乏趣味性的空间。

本方案将玄关及主卧的露台改造成封闭的室内空间，以提高空间利用率。

又因业主中有一位爱好摄影的教师，留有一个灵活度很高的书房可按照需求调整功能，日常可办公，必要时可变为摄影棚。因业主爱好旅游及摄影，还为摄影作品和旅游纪念品的展示空间。

作品名称：ZARA展架　作者：白峰

作品名称：巴宝莉展架　作者：吴凯军

作品名称：凌美钢笔展台　作者：崔浩然

作品名称：Dior展台　作者：吴金平

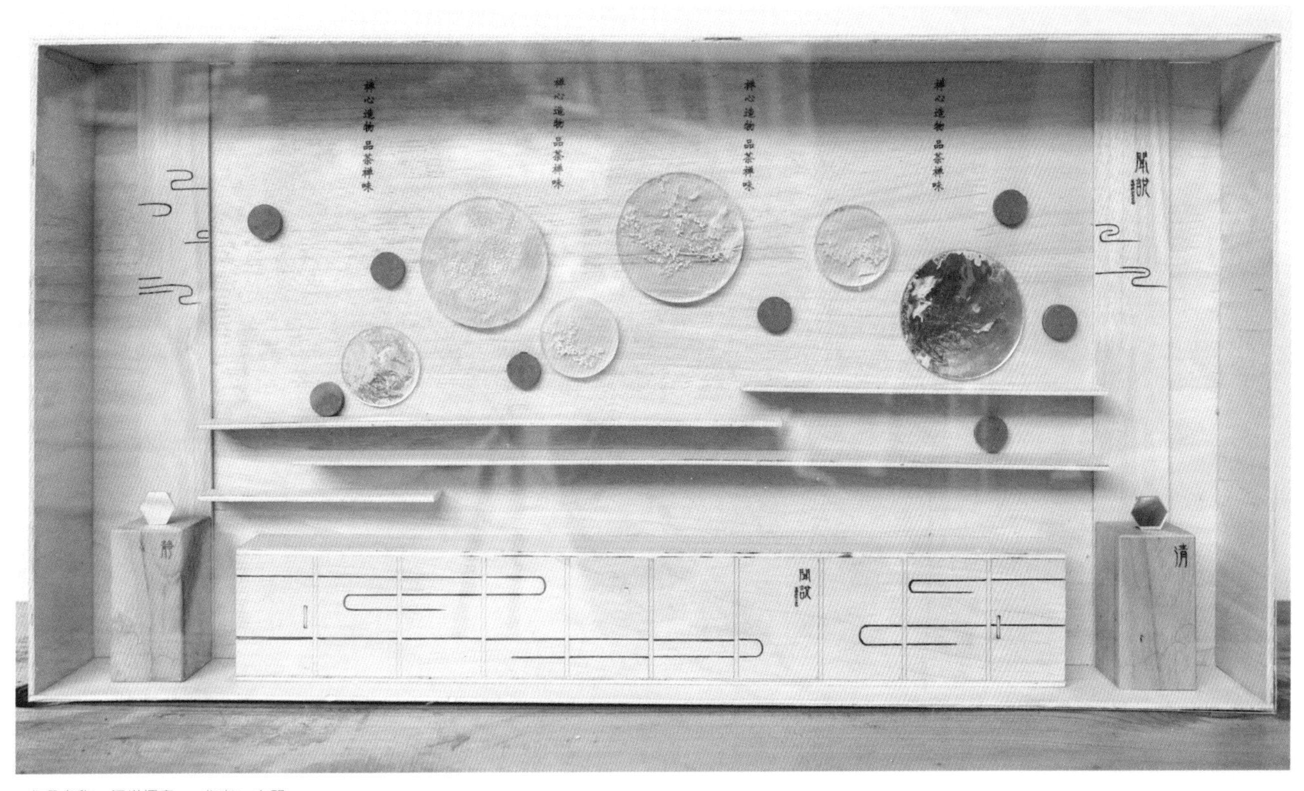

作品名称：闻说橱窗　作者：白羽

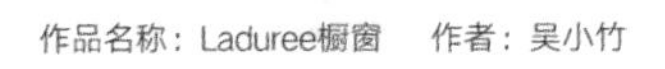

作品名称：Laduree橱窗　作者：吴小竹

作品名称：EI手工皂展示台
作者：田学丽

作品名称：JORDAN鞋盒　作者：王宇杰

作品名称：宝珀展架　作者：张幸良

作品名称：Christian Louboutin高跟鞋展台
作者：吴琳

作品名称：LEICA相机展台　作者：苏醒

作品名称：任天堂展架　作者：温宇

作品名称：乐高玩具壁挂式展架　作者：邓丛宏

03

教师专业教学文献

TEACHERS' PROFESSIONAL TEACHING LITERATURE

企业式场景模式下陈设艺术设计教学的新思考

西南民族大学城市规划与建筑学院 **李刚**

摘要：陈设艺术设计是近年来室内设计中一个新兴的专业门类，因为该类设计所具有很强的实践性特点，所以很多院校都设立了该门课程，并将学生的应用能力培养作为教学的重点。企业式场景模式是一种旨在提升学生设计实践能力的新型教学模式，该模式将教学目标、教学方法、教学评价等多个环节进行积极的完善和革新。

关键词：企业场景模式 陈设艺术设计 室内设计教学 分析和思考

1. 企业式场景模式的含义

所谓企业式场景模式，就是将设计教学和设计企业紧密结合的一种教学模式。相对于室内设计的专业特点来说，室内设计专业的培养目标是具有丰富的理论知识和扎实的设计技能的专业人才，以能够独立自主地完成某一项设计为目标。而众多设计企业需要的也正是这种人才。这种培养目标和现实需要的一致性，也就为企业场景模式的构建打下了基础。具体来说，其包含两层含义：一是在整个教学过程中，如教学目标、教学实践、教学评价等环节，都将企业的因素注入其中，就像是包豪斯一样，整个专业的理论教学和具体实践是难分彼此的。二是校内企业的创办，无疑是前者的加强和深化，真正实现了校内教学和企业需要的无缝接轨。通过这种模式的构建，能够从根本上消除传统教学中“重理论而轻实践”的弊端，全面提升学生应用能力，使他们毕业后能够迅速为企业所青睐，进而获得更好的发展。这不仅是一种符合室内设计教学本质规律的教学模式，更是科学的、有着多方面积极意义的教学模式。

2. 当代陈设艺术设计的复兴

陈设艺术设计（display art design），是指在室内设计的过程中，设计者根据环境特点、功能需求、审美要求、工艺特点等因素，精心设计出高舒适度、高艺术境界、高品位的理想环境的艺术。如同绘画艺术一样，它伴随着人类的居住发展史和艺术史自然演化至今。我国的现代陈设艺术设计教学，发端于20世纪80年代初期的装饰与装潢专业（即今天的室内设计专业），改革开放以来陈设艺术伴随着国民收入的稳步增长，人们对室内外陈设艺术有了更新的设计创造和审美追求，大国崛起的背景和网络时代的到来更是让国民有了一种将“世界之美置于室中一隅”的日常生活审美愿景。我国源远流长的历史文化和各个时期的室内美学与世界文化交融呼应，今天的室内设计已不再是简单学习装修的技能，而是先从陈设的艺术语言出发进行审美形态的个体研究，打破众多传统意义上的审美视角并提出创新的艺术语言后，进行空间形态的设计整合，这就形成了从开始的功能决定形式，还是审美决定形式，最后再到形式决定空间的演变历程，使得室内设计的审美属性在本质上发生了变化，这个现象被通俗地概括为：“轻装修，重装饰”。从当代室内装修工程程序的标准化与材料生产中工艺的模块化发展来看，基本装修材料成本的下降，装饰工艺的成熟，审美需求的个性化推动了当代陈设艺术设计的复兴。

3. 企业式场景模式下陈设艺术设计教学的思考

3.1 教学目标方面

在陈设艺术设计教学中引入企业场景模式，首要解决的就是目标问题。通过该模式的引入，能够达到怎样的效果就是目标问题。能够达到怎样的效果从本质上来说就是一门技能教学，学生们只有在实际的设计中才能不断的积累经验，不断的发展和完善。而用人单位也是如此，没有哪一个用人单位希望招到的是只会纸上谈兵的偏才，只有拿出实际的作品，才能满足用人单位的需要。所以说，通过该模式的引入，就是要提升学生的应用能力，让实践贯穿于整个学习过程中，通过在多个环节上与企业的接轨，让学生紧跟行业的发展动态，尽可能帮助他们实现毕业和就业的无缝接轨，既能够满足用人单位的实际需要，又能为今后的个人发展打下良好的基础。

3.2 教学方法方面

传统的陈设艺术设计教学中，教学方法都是以讲述法为主，即教师进行理论教学，学生再根据所学到的理论进行创作。这其中就存在滞后性的问题。而在企业场景模式下，则要求对这种传统的教学方法进行革新。首先是一些新型教学方法的运用。企业场景模式要求将课堂视为一个“工作坊”，学生们要边学边做，所以要求教师将理论知识和实践技能紧密结合。学生每学到一种新的知识，都可以以专题的形式及时应用于实践中，有效避免了之前实践的滞后性，也避免了纯粹理论学习所产生的枯燥和乏味。具体地讲，培养学生从学习陈设艺术美学理论知识入手，强化主动性的审美情绪应用到空间形态的艺术感知的训练是前提，在企业场景模式下，要求教师主动运用一些新的教学方法，真正地与这种模式相适应。

3.3 师资建设方面

在企业场景模式下，教师的角色发生了明显的变化，其中最重要的就是教师实践能力的提升。受到历史等多种原因的影响，当下高校室内设计专业的教师，有不少与他们面前的学生走过的是同一条道路，在本科和研究生阶段，也没有接受过系统和正规的实践训练。近年来国家教育部门大力倡导“双师型”师资建设，原因就在于此。“双师型”师资建设要求教师既要有系统和丰富的理论知识，同时又有扎实和熟练的实践技能。所以教师也应该认识到其中的重要性，尽快提升自己的实践能力，真正满足教学的需要，同时也为学生做出表率和示范。具体的方式也是多样化的，比如可以经常参加一些设计大赛，到企业去顶岗实习等，使自己的知识和技能始终和行业发展保持一致。另一方面，企业场景模式的构建，使学校和企业有了更为密切的关系，对此学校可以采用多种方式，将企业的一线人员请到学校来。既可以定期开展讲座，也可以和校内导师一起，直接指导学生的创作。这些一线设计人员的到来，能够让学生对行业发展以及真实需要有更为直观的认识，而不是之前的纸上谈兵和闭门造车。所以说，在企业场景模式下，既需要校内教师专业技能的不断提升，尤其是现在很多高校都设有环境设计、产品设计的近似学科，有许多课程也是交叉的，比如三大构成阶段的课程创新就可以打响同类属性的第一枪，这样的属性使得陈设艺术设计的创新思路更加清晰。同时也要将一线的设计者请到学校中来，让设计师与教师拟定方案并共同解决方案设计上的问题，从不同角度对学生的学习产生影响，切实推进学生的专业发展。

3.4 教学评价方面

教学评价也是教学中的一个重要环节，具有激励、导向和反馈等重要作用，特别是陈设设计，设计效果的好坏对人们的生活有着重要的影响，所以通过教学评价让学生了解到自己真实的能力和状况，就显得尤为重要。在传统的教学中，教学评价环节一直都没有得到充分重视，一方面是多以理论考核为主，另一方面则是没有将评价落实到实处。所以在企业场景模式下，教学评价环节的变革也是刻不容缓的。具体来说，首先是评价主体的转变，传统教学中，教师是唯一的评价者，而一个教师面对众多学生，很难做到评价的公平、公正和公开，如果评价结果和学生的心理预期相距甚远，那么将对学生的学习态度产生不利影响。而设计企业可以将一些新型的教学方法引入课程中来。如项目实践教学法，这是一种在设计教学中备受推崇的教学方法，与企业场景模式是一脉相承的。教师可以将一个个虚拟或真实的项目引入教学中，在讲述完相关理论之后，让学生以小组合作的形式完成方案。教师则予以全程的关注和引导，帮助学生解决一些实际的困难。在创作结束后，则可以举办专题研讨会，创作者阐述自己的创作理念、特点和风格等，评论者则可以说出自己的看法和感受，最后再由教师进行总结。从中可以看出，这种教学法最大的优势就在于企业场景模式下，通过企业设计者的引入改变了这种单一的状况。比如在设计作品的评价中，可以让企业设计者从他们的角度，给出一种评价，企业设计者所提出的许多问题都是实际操作过程中与客户（业主）最直接、最实际的评介，同时与教师评议相结合。其次是评价方式的多样性，传统的评价方式多采用量化方式。但是一个简单的分数并不是学生真实水平的反映。对此应该探索更加多元的方式。比如学生的某一个作品在比赛中获得了好成绩，受到了客户的肯定并产生了经济效益等，都应该成为评价的重要参照。同时也向学生表明了学校和教师支持他们参与实践的态度。所以说，教学评价环节和企业场景模式也有着十分密切的联系。

3.5 教学实践方面

说三遍不如做一遍，企业场景模式的构建，从本质上来说就是一种实践模式的构建，而为了能够使这种模式发挥出更佳的效果，需要学校积极配合，使这种场景模式更加真实和完善。比如艺术工作室的建立，可以由教师牵头，尊重学生的意愿，组建校内的工作室。虽然是在校内，但是工作室却是面向全社会的，既可以从企业手中接项目，也可以自己联系获得全新的项目。如果实现了经济效益，再进行有比例的分配。需要指出的是，在工作室的建立初期，是需要学校大力支持的，学校应该拿出专项资金用于工作室场地和设施建设，努力创造便捷条件，使工作室尽快走上正轨。另一方面，学校还可以将企业建设成为校外的实训基地，定期安排学生去企业进行实习，既满足了企业的用人需要，又锻炼了学生的实践能力，一举两得。所以说，企业场景模式的构建仅仅是一个开端，还需要学校和教师积极配合，使这种模式在培养学生实践能力方面的作用最大化。

综上所述，近年来，在高等教育快速发展、学科竞争日趋激烈的背景下，陈设艺术设计教学也获得了长足的进步，我国自1998年开始便陆续涌现出许多以本民族文化为内核，结合东西方审美，古典与现代兼收并蓄，成就卓著的陈设艺术大师，如以梁建国先生为代表的新东方陈设艺术美学，以及艺术高校培养出的一大批优秀的设计人才。从这些人才的发展轨迹来看，他们所具备的扎实和熟练的应用能力，正是受到用人单位青睐的重要原因。由此可以看出，在室内设计教学中引入企业场景模式，既是必要的，更是必须的，以帮助学生掌握更多实用的知识和能力，成为高水平的应用型人才，同时也能实现毕业和就业的无缝接轨。

参考文献

[1] 苏丹. 中国环艺发展史掠影——迷途知返[M]. 北京：中国建筑工业出版社，2014.

[2] 李玉萍. 高职室内设计教学的改革与方法[J]. 美术大观.

[3] 黄艳. 陈设艺术设计[M]. 合肥：安微美术出版社.

[4] 吕红. 室内设计系列课程教学的过程优化[J]. 艺术与设计.

环境艺术设计专业在当今高校中的现状与发展

西南民族大学城市规划与建筑学院 **耿新**

摘要：环境艺术设计是一门多学科交叉的新兴学科，从最早的环境艺术设计专业开办以来，我国艺术设计教育学科的发展已过了 30 多年，但从教育模式上来看，各个院校基本相似，课程安排与教授方向也出现了一些问题。环境艺术设计教育需要可持续发展的生命力，系统分析教学中出现的问题，务实解决才能使此专业更好地发展。

关键词：高校 环境艺术设计专业 发展

我国环境艺术设计专业是从工艺美术专业中细分出来的。从1903年南京三江优级师范学堂的图画手工科到中华人民共和国成立之后工艺美术教育体系开始逐步的建立，再到20世纪80年代改革开放以来国民审美意识的提高，工艺美术专业开始被国民普遍认识和接受。同时期受西方设计教育体系影响，我国各大美术学院、师范类、综合类高校开始纷纷在相关学科建设中建立环艺或相关艺术设计专业。第一个开办环境艺术设计专业的学校是浙江美术学院（现中国美术学院），由吴家骅教授在1984年筹办。学科在美术教育的基础上将建筑、室内设计、景观设计联系起来，发展出一个跨学科的教育模式，自此工艺美术的称谓也由艺术设计逐步替代，从专业定位与方向上，把艺术设计又分为视觉传达设计、动画设计、工业设计、产品设计与环境艺术设计。

近两年，随着国家改革开放的深入发展，人民生活水平不断提高，国民社会对设计专业也开始出现更具有审美情趣的意识，从大众化到个性化，从功能化到艺术化，从简易化到精细化。环境艺术设计开始成为一个被大众所熟知的热门专业。

1. 高校环境艺术专业教育现状

1.1 高校环境艺术设计课程体系

目前国内高校对环境艺术设计教育模式在课程的设计上达成共识，一般分为四个阶段，分别是公共基础课、专业基础课、专业设计课与毕业设计创作。公共基础课以美术课的教育为主，课程设计包含素描、色彩和速写；第二阶段为环境艺术设计基础课程的学习，课程设计包含设计概论、设计图纸表达、手绘效果图技法与室内设计等，同时还要结合计算机辅助设计的学习及AUTOCAD、3DMAX、PHOTOSHOP等设计软件的学习。专业设计课程主要以室内空间设计作为基础，包含商业空间设计、居住空间设计、办公空间设计等一系列设计课程并结合室内空间中的陈设设计而展开，主要目的是让学生把前两个阶段所学到的理论知识应用到实际设计中去，在设计实践中锻炼和掌握设计的方法和设计的基本过程。最后的毕业设计阶段是对大学学习的一个回顾性考察和总结。对学生而言，环境艺术设计的学习应该掌握的技能为手头表达能力、演讲能力、计算机辅助设计能力、方案实践能力和综合素养这五个方面。

1.2 高校环境艺术设计教学中存在的问题

环境艺术设计虽属艺术学科，需有感性的设计思维创造，但其本质是为人服务的，是为大众生活学习和工作提供一个舒适的空间环境和宜人场所，其主旨就是以人为中心。这种以人为本的功能性设计主旨决定了环境艺术设计的核心是以人的生理和心理特征及行为习惯为出发点来创造人所需求实用的环境空间和环境界面。因此，环境艺术设计是一门集艺术、功能和技术为一体的学科。不能只用艺术的标准来衡量设计，美的物品如果没有实用价值，将失去设计的意义。而部分高校在进行环境艺术教育时过分强调艺术的价值，弱化功能性的思考，使得设计本末倒置。环境艺术设计是一门实践性非常强的学科，理论知识要学习，但是实践环节也是非常重要的，不能一味地教授理论而忽略实践的重要性，应该在理论授课和实践授课中寻找一个平衡点。目前，各高校虽然在课程设计中对教学的整体思路考虑得比较全面，但是真正落实到每一门课程的时候，环境艺术教育的课程安排还存在一些问题，阶段性学习的课时安排比例不均衡，实践性课程走马观花，落实不到位。这些问题的存在直接导致学生在结束大学专业课程的学习后，出现了学校与社会设计市场脱节的现象，毕业生不能马上投入设计工作，学校的学习并没有达到学以致用的效果。

2. 高校环境艺术设计教育发展

现代环境艺术设计涉及城市规划、建筑景观、风景园林、公共艺术、室内装饰等多个学科，涵盖了设计学、美学、行为学、设计心理学、社会学、民俗学和地域学等多个领域的知识体系，一个高校如果想做到面面俱到的教学，难度很大，但是如果针对市场的定位、特定的环境与市场需求，依靠自身学校的办学条件和学科优势发展务实的特色教育，以特色为核心，艺术为基础，科学为支撑，功能为目的，这会大大增强高校环艺专业的综合实力。

2.1 注重特色教育教学

现代心理学认为，“特色”指的是一个人或一个集体的整体精神面貌，是个人或集体意识倾向和各种稳定而独特的心理特征的总和。对高校的发展而言，各个高校只有形成自己的培养特色，才能使学校更加具有可持续发展的生命力。环境艺术设计教育方兴未艾，但是各大高校教育内容、课程设计趋同，同质化严重。本科院校的教育目标是直接面对市场的，教育的目的应该以专业领域的实现情况为首要前提。各个高校应该结合自身的资源特色和自身优势扬长避短地进行特色化专业办学，培养与其他院校有所区别的竞争人才。

在高校教育中，质量是生命，特色是优势，民族类高校具有多种地域文化和民族文化相结合的人文资源，而环境艺术设计是要弘扬民族特色，具有民族个性精神，注重环境设计的民族和地域化。如果民族类高校努力将独特的学科特点和学科精神作为主要的教育特色，无疑会使这个专业在各大院校的发展中更具吸引力。在综合性高校，环境艺术设计可以秉承其严谨的学术作风和丰富的学术研究积淀更好地进行多专业的交融互通来统筹人、空间、物等设计要素，实现环境艺术设计专业全方位的学科互补。艺术氛围是艺术类高校的特有文化形态，学校的物质文化、制度文化、精神文化、师生构成、课程文化都独特于其他综合高校，艺术高校应该利用自身资源优势进一步完善学科体系，制定出有别于其他综合高校教育模式的环境艺术人才培养计划。

2.2 借鉴建筑学教育模式

本科教育是技能型教育，是培养直接面向社会的技术型人才，学校一方面要培养学生基本的设计能力，另一方面也要培养学生的逻辑思维能力，使其具有较高的综合素养。目前，环境艺术设计课程的核心主要为居住空间设计、商业空间设计、办公空间设计、景观设计等，这样的课程设计较为独立，知识点也比较宽泛，课程的安排属于堆砌状态，每个课程时间比较短，结果是虽然使得学生接触了更多的知识点，但是却对每一个设计课程缺少更深入的了解。而比较建筑学科对一个设计课程的系统安排和一个课题的循序渐进、由浅入深的教学模式使学生对一个课题的设计有更多的理解。所以，环境艺术设计可以借鉴一下建筑学科较为深度的学习模式，把设计教育分为两个环节：第一是教授环境设计的一般规律，即设计原理的部分。第二是把居住空间、商业空间设计这些课程统一合并为建筑空间设计，其主要目的放在培养学生的空间设计能力，而不要局限于某个功能性空间，借鉴建筑学科的分项分层、系统有序的教学模式着力培养学生分析空间问题、解决空间问题的设计能力。

2.3 发展实践教育教学模式

为了提高学生的实践能力，针对环境艺术设计专业的教学，学校应该以工作室制度来进行课程的设计，由老师组织和带领学生以实际的设计项目和竞赛项目来推动课程的学习，甚至可以高低年级交叉上课，这样不仅可以锻炼学生的交流能力，也使学生学习不同的知识体系。教师应该带领学生进行前期的市场调研，引导学生对现实情况的实际分析，引导学生正确的思维方式，从而进入到设计实践中去，提高学生的设计实践能力和实践水平。

2.4 加强教师队伍的培养

环境艺术设计专业的教师不仅应该具备较为丰富的理论知识，还应该具有一定的现实设计能力，要培养学生就应该先培养教师。现在大部分高校中环境艺术设计专业的老师都具备较为丰富的理论知识，但是在学校工作太久，存在与现实社会脱节的情况，尤其在设计行业蓬勃发展的今天，一种新材料的出现就足以淘汰过去流行的设计样式。所以应该由学校组织定期送教师到业内一线的设计院进行培训和交流，从而提升教师的实践能力。只有老师的理论水平和实践水平提高了，才能为学生设计能力的培养打下坚实的基础。

3. 结语

高校的设计教育体系应该以市场为向导，因社会需求而发展，各个高校的环艺设计学科应当找到自身的优势定位，发展自己的特色教育模式，通过自身的特色化来满足社会对于环境艺术设计多元化的需求，逐渐形成自己学校的设计教育学风和设计教育特色。只有这样，环境艺术设计教育之路才能走得更远，走得更宽。

参考文献

[1] 曲延瑞, 佳瓦德.设计基础课程教学中的创新意识向度[J]. 设计, 2012.
[2] 陈亚东. 试论环境艺术教育的实践创新[J]. 设计, 2014.
[3] 容华明. 艺术设计专业“双师型”教师培养新探[J]. 广西大学梧州分校学报, 2005.
[4] 左冕. 理工类高校环境艺术设计专业教育特色初探[J]. 中南林业科技大学学报, 2012.
[5] 张武升. 教育创新论[M]. 上海：上海教育出版社, 2001.
[6] 王受之.《世界现代设计史》[M]. 北京：中国青年出版社 , 2002.
[7] 苏丹.《环艺教与学》[M]. 北京：中国水利水电出版社, 2006.
[8] 李砚祖. 环境艺术设计的新视界[M]. 北京：中国人民大学出版社, 2002.

浅谈沥粉贴金装饰画的教学实践

西南民族大学城市规划与建筑学院 洪樱

摘要：沥粉贴金装饰是我国古老的壁画工艺之一，在今天仍然具有广泛的用途。本文研究了沥粉贴金的起源，并从民族审美性认知沥粉贴金装饰画体现了“线”艺术的精髓。在沥粉贴金装饰画的教学过程中，应重视技法的练习，更应重视画面构思的先决性。同时，应鼓励学生遵循技术要求和现代空间要求进行画面效果的创新探索和艺术表达。

关键词：沥粉贴金 装饰画 工艺技法

装饰艺术追寻形式、色彩、材质三者美感的紧密结合，具有强大的艺术感染力。装饰画的起源可以追潮到新石器时代的彩陶纹样，简单而又多变的几何纹样仿佛具有与现代风格一脉相承的简洁与和谐。之后，商周青铜器上的装饰画、汉代的画像石、帛画和漆画——这些器物上精美的装饰画证明中华民族的装饰艺术取得了辉煌的成就。

随着时代的变迁，装饰画也在不断演变和创新。当今，装饰画出现了新的趋势：第一，装饰画能够给予空间鲜明的点缀和装饰作用，各种风格的空间需要不同风格的装饰画与之搭配，因此，对装饰画的需求量增加，发展空间大大拓宽；第二，注重色彩、材料、肌理的选择和搭配，尤其是各种新型材料的出现带给装饰画形式和内容的更新；第三，具有半立体的发展趋势。相对于传统的平面装饰画，半立体的现代装饰画吸引了更多普通消费者的目光。装饰画教学已经成为一项具有系统性、专业性、创新性的艺术课程，通过教与学的探索过程，将不同的材料组合，最终达到形式美和艺术美的双重结合。

沥粉贴金装饰工艺是我国传统的的壁画工艺，这种古老的工艺技术在今天仍然具有广泛的用途，能美化装饰空间，提升空间的艺术价值，达到富丽堂皇的效果，所以依然具有实用价值和研究意义。

1. 沥粉贴金装饰的起源

沥粉贴金装饰是我国古老的壁画工艺。现存最早的在壁画中使用沥粉和贴金技法的案例出现在敦煌莫高窟第263号窟的北魏壁画中，说明沥粉贴金技法在当时就已经比较成熟了。

学术界普遍认为“沥粉”之法源自漆器之“堆漆”技法。“堆漆”原本是用于漆器的一种技法：长沙马王堆汉墓中出土的漆棺上的浮雕花纹，就是“堆漆”技法在古代运用的典型案例，而“沥粉”技法最早应该是工匠们用于木质建筑表面的美化装饰。“堆漆”可堆出点线面，而“沥粉”最大的特色是“沥”出分割不同色彩面积的连贯性立体线条——这和它主要运用在大面积的墙面、柱体而非小面积的器物上有关。半圆形的突起线条比平面勾线更具有立体感和层次感，且显得画面具有挺拔的骨力。

贴金工艺是在沥粉工艺的基础上发展而来的：用金、银、铝等抗腐蚀性强的材料对沥粉后的线条进行粘贴和覆盖。金色的线条作为色彩分割让画面整体协调，并具有华美精致的视觉效果。

2. 沥粉贴金装饰画的审美解读

要学习传统的装饰工艺，就应该对该工艺适用的画面特征进行解读，这样才能更好地进行创作。作为石窟艺术、寺庙建筑、宫廷建筑的重要组成，我国传统的壁画具有非常鲜明的民族特色。而不论是民间生活题材还是宗教、政治题材，中华民族的绘画具有散点透视、主观表达性强、注重线条等多元表达的特点，壁画也不例外地遵循这些传统的、中华民族共同喜爱的形式美法则。尤其是线条，甚至有学者认为中华的艺术，例如书法、国画都可以称之为“线”的艺术。“线”作为最基本、简练、概括的造型语言，是中国绘画艺术的精髓所在，以“线”为美构成了中国绘画的基本特征；而西方艺术则更多地隐藏线、突出面。

由此，我们能理解“沥粉”工艺的审美之源：那就是对“线”的尊重和突出，让线条在画面中优游有序、自由舞蹈。中国古代室内空间大多采光不充分，壁画上的线条有了沥粉贴金的装饰后更具立体感。线条的受光面或金或银，突出于红绿黄等色彩；线条的背光面自然有小小的阴影，看起来像黑色。明亮的金银和暗黑的阴影组成了大量的线条，让平面壁画具有连绵的氛围和生动的层次。

3. 沥粉贴金彩绘的教学过程

3.1 构思过程

首先，应了解中国画的风格，仔细研究沥粉贴金装饰画的历史及代表作品；然后，结合我国传统的、具有吉祥意义的图案，让学生自己体悟并绘制出1：1大小的原创画稿。初学者绘制40～60cm的方形画稿即可。装饰画的绘制不同于写意中国画，它不是一项即兴作品，而是一个从周密的设计到严格执行的创作过程。在任何装饰画绘制之前，都必须做好完整的画面设计，才能取得最后的成功。设计的内容包括画面风格、物象造型、色彩搭配、肌理制作等元素，一一落实方可开始实际的执行操作过程。

对于没有进行过专业绘画训练的设计类学生而言，这个构思过程会显得特别困难，但必须认识构思对最后的画面效果具有先决性。绘画对象的选择，适当的装饰变形，形态的简化、提炼、重组，高雅色彩的搭配都是需要在画稿中解决的难题，教师应细致辅导、积极鼓励。

3.2 绘制过程

传统材料在现代课程里有更好的替代品，例如粉以立德粉代替，胶用白乳胶，金和银用丙烯颜料，更便于学生掌握。沥粉画绘制的工具包括立德粉、白乳胶、水粉颜料或丙烯颜料、五层胶合板或奥松板、裱花袋、各型号画笔、清漆自喷漆。

（1）做画板

选择无孔平整的五层胶合板或者奥松板，画幅较大则需在背后打龙骨架，最好不使用钉子而用白乳胶粘接，以防后期钉子锈蚀画面。将立德粉筛去杂质后加白乳胶及少量的水作为膏料，搅拌均匀后，用笔刷薄薄的刷在画板的正面和背面，以掩盖木质本色为准，不可太厚，也不能太薄透出木底。干后用砂纸打磨平整，并修补洞眼，让画板表面和背面平整光洁一致。

如果画面有大面积的主色，也可以将水粉或丙烯颜料直接汇入膏料内，这样做出来的有色底板比后期涂抹画板表面更加均匀。

（2）拓稿

在硫酸纸正面用铅笔复制原创画稿的线条，同时用较软的铅笔满涂硫酸纸的背面，然后将该硫酸纸放到画板上，固定，再次用笔勾勒硫酸纸正面的线条，如此，画稿就拓印到画板上了。去掉硫酸纸，对画板进行修整完善，最后定稿。

（3）绘制沥粉线条

将立德粉和白乳胶和匀搅拌调成牙膏状稠糊，装入裱花袋，尾部用细绳扎紧。沥粉浆的稀稠度特别重要，既不能过稀——线条会塌陷而缺乏立体感，又不能太稠——挤出导致线条不流畅。调和白乳胶和腻子粉时要顺着一个方向搅动，速度不能太快，防止产生气泡，如果用含有气泡的沥粉浆挤出的沥粉线，干燥后会有小空洞，影响沥粉线的美感。

将裱花袋尖部根据需要剪出大小合适的口子，沿画板的轮廓线条挤出粗细适当的沥粉线。线条应流畅、无明显的叠交接头，对于不满意的沥粉线条要趁湿及时用刮刀铲除。如同卖油翁熟能生巧的道理，挤沥粉线的技术需要学生多次练习后才能达到最佳效果。

（4）着色

做好的沥粉线条需放置阴凉通风处自然干透，不可暴晒。干后可以用小刀适当修整，再用细砂纸适当打磨，让线条更加圆润流畅。线条分割的小面积内，可用较稠沥粉加入水粉颜料做出比较低矮的肌理，增加画面的层次。

在传统工艺中，“贴金”采用金银铝等材料，分为“线金”和“面金”两种方式。现在，可用丙烯颜料替代金和银，作画更加便捷。上色时可先将丙烯金或银均匀涂抹在线条上，其他小面积则根据原创画稿填色，水粉、丙烯均可尝试。平涂、渐变、层次是常用的绘画填色办法。结合刚才完成的肌理，画面会呈现出丰富的视觉效果。

完成后的画面可喷涂清漆进行保护。

4. 沥粉贴金装饰画在现代居室中的运用

作为传统壁画技法，沥粉贴金画面具有半立体的效果，千百年来得到广泛应用。在新时期，设计专业的学生掌握这种技法，能进行一些创新使用，扩宽专业知识面，提高手动实践能力。

① 就画面的造型元素而言，即使是具象题材，学生也可以尝试画出画面所需的点线面等各种装饰元素，而不仅仅限于线。适当变形能让画面产生新意，增加装饰感。作为尝试和创新，将沥粉的技法扩充到整个画面，能大幅增加肌理感、层次感、立体感。并因为灵动的画面效果，让手作的痕迹变得生动无比。

② 就色彩而言，原来的壁画或者建筑的色彩都比较醒目，饱和度高、色相丰富，这是与中式传统建筑相适应的。现代空间环境风格各异，与之配套装饰色彩也应随之改变。尤其是各种高级灰的搭配，能让装饰画产生低调内敛的文化气息，受众接受度高，值得尝试。

③ 就风格而言，传统的勾线填色多描绘具象的题材。而教学实践里，可以大胆尝试抽象题材，用充满对比的点线面伴随半立体肌理带给观众全新的观感。

④ 作为小面积的装饰画，沥粉贴金制作条件简单，效果较好，能对现代居室的内环境起到画龙点睛的作用。如果有特别要求，还能适用于大面积的顶、墙面，所以提高学生的审美能力，掌握过硬的设计构思执行能力十分必要。沥粉贴金作为一种工艺技术，能成为室内装饰美化的重要手段。

综上所述，沥粉贴金作为我国传统的装饰画技法之一，具有极高的应用价值。当前，技术改进让沥粉贴金操作更简便，构思创新让沥粉贴金装饰画有更广泛的应用空间。作为装饰画教学的一个课题，通过沥粉贴金技法的学习，学生了解了中华民族优良的工艺传统，学习传统工匠的灵思巧慧，开拓了艺术视野；同时，思考并探索沥粉贴金这一装饰工艺如何结合现代空间的需求，创作出与现代生活相适应的装饰画。我国有很多优秀的工艺技法，而沥粉贴金作为其中的代表，一端链接了悠久的民族文化工艺传统，另一端连链接了丰富的现代生活，所以具有旺盛的可持续发展的生命力。我们应鼓励学生继承和弘扬我国优秀的传统工艺技术，挖掘学生内在的潜能，使学生在不断的探索学习过程中获得自信心和成就感，提升学生的综合素质。

参考文献

[1] 吴大韡. 沥粉贴金工艺材料、技法与应用[J]. 西部皮革，2016(7):13

[2] 严丽莉. 高专学前教育美术课程中沥粉画教学初探[J]. 大众文艺, 2017(17):206.

新媒体时代数字化对室内设计的影响

西南民族大学城市规划与建筑学院 肖洲

摘要：艺术设计文化一直贯穿在人类的发展中，室内设计作为其中的一个分支，也在随着人类的进步而不断的发展，尤其是近年来，互联网技术的高速发展、信息数字化的迅速普及以及新媒体的不断出现，在一定程度上影响着室内环境艺术设计的发展，给室内环境艺术设计带来了挑战和机遇，使得室内环境艺术设计的前景更加广阔。

关键词：数字化设计 新媒体技术 室内设计

1. 当今社会已进入新媒体时代

1.1 新媒体的内涵

随着科学技术的不断发展和进步，传统媒体已经不能满足人们生产生活的要求，人们开始追求更为方便快捷的媒体形式，在此背景下，新媒体应运而生，极大地方便了人们的生产生活，很快便普及开来，社会进入了新媒体时代。新媒体因其特有的优势，影响了旧媒体，即传统媒体的发展模式，传统媒体为谋求发展，往往也会在一定程度上与新媒体结合，借助新媒体的优势而发展。

1.2 新媒体的特征

新媒体具备快捷迅速、移动性强、应用范围更广阔的优势，是许多传统媒体无可取代的。在新媒体时代，信息的流通速度大幅度提高，人们通过网络可以了解到几分钟前发生的事；信息的开放程度也更强，人们可以知道世界上每个角落发生的事；信息的表现方式也更加多样化、立体化和直观化，可以是图文、音频以及视频等，极大程度地满足了人们的需要。

此外，新媒体的普及增加了人们的主动性。在新媒体时代，人们不再只是被动的接受信息，还可以可以对信息进行发布、传播、评论，提高了公众对信息的热情度。当今，人们可以通过QQ、微信、贴吧新媒体的平台接收、发布以及转播消息，而不需要传统的登报等方式，大大的节约了消息流通的成本。与此同时，由于信息传播的方便和低成本，使得消息的准确性受到了影响，虚假夸大的消息也随之增多，这就要求人们在接受消息时有鉴别能力以及发布传播消息的责任心。

2. 室内环境设计数字化的概述

2.1 室内环境艺术设计

室内环境设计就是对室内装修、物品陈设、格局规划、环境处理等方面的综合性设计。室内环境设计一方面要考虑客观的物质形态，比如室内的尺寸、布局，与周围的环境、建筑的协调等，另一方面要考虑主观的意识形态，比如业主的爱好与审美、风俗与习惯以及宗教信仰等，将这两者相互结合协调，设计出最合理的室内景观格局。室内环境艺术设计的最好结果是人与环境的相互平衡、协调，既不能偏重于个人的喜好而影响了整体的布局，也不能只追求环境而忽略了人的主观感受。

2.2 室内环境艺术设计数字化的含义

随着建筑物各种流派形式的涌现，室内环境艺术设计也在不断发展，与建筑物的外部形象构造相比，室内设计与人的关联显然更为密切。在网络技术高度发展的今天，室内环境艺术的设计、模型成果的展示、施工方案的调整等方面也开始向数字化转变。这对设计师提出了更高的要求，设计师必须掌握互联网及相关软件、技术，提高自身的素质，要理解互联网时代人们更高层次水平的追求，对精神情感等人文方面需要给予更多的重视，紧密关注世界潮流的发展。

2.3 室内环境艺术设计数字化的特征和优势（表1）

室内环境艺术设计数字化的特征主要体现在以下几个方面：① 生态设计理念的应用：以前的室内设计及装修中，许多装修材料都含有对人体健康有害的化学物质（比如甲醛），而科学技术的普及引领了人类文化水平的提高和对生态健康的关注，因此，在室内环境艺术数字化的进程中，生态理念的应用不可小觑；② 人文关怀的提高：传统的室内设计重视人们的功能需求，往往忽视了人们在精神、感情上的需求，在室内设计数字化的进程中，设计师应当更加关注人们心灵上的需要和精神上的寄托，使得室内设计对人们的精神世界有所裨益。

室内环境艺术设计数字化的优势体现在以下几个方面：① 远程交流：由于数字化的发展及网络的普及，人们可轻易跨越时间和空间的障碍，方便了设计者与业主、设计者与设计者之间的远程交流；② 三维设计：数字化的应用使得室内环境设计图可以更加立体化，方便设计师发现设计中的问题，查看设计的性能；③ 成果展示：数字化可以模拟施工结果，将设计图全面展开，并辅以周围的景观建筑，生动形象地展示设计结果。

3. 室内环境设计数字化实施的策略

3.1 室内环境设计数字化的软件

在数字化时代，计算机绘图逐渐替代了手绘，计算机绘图不可能缺少绘图软件的支持。常用的图纸测绘和处理的软件有以下几种。

（1）AUTOCAD：AUTOCAD主要是用来绘图和修改图纸设计的，AUTOCAD软件的广泛应用，极大地提高了设计图纸测绘的效率和准确度，降低了设计成本。

（2）3D Studio MAX：3D软件最初是应用在动画产业的，但由于其强大的立体展示功能而被室内设计所应用，3D软件方便了室内设计与周围建筑景观的和谐统一。

（3）V-Ray渲染器：V-Ray渲染器软件可以模拟室内的照明、采光效果，保证了设计的实施成果更加接近实际情况，考虑到周围景观建筑对室内环境和光线的影响，方便设计师对室内环境的设计。

3.2 室内环境设计数字化的逻辑思路

室内环境设计的思路应当是以人与环境协调的价值取向为基础的，从客观的室内尺寸结构、业主的基本信息以及业主的主观爱好出发，进行设计定位，甲乙双方再进一步探讨完善方案，最后确定方案并加以实施（图1）。

表1 室内设计数字化与传统模式的对比

室内设计	传统设计	数字化设计
设计空间	面对面交流	远程交流
设计方式	手绘图纸	计算机软件绘图
设计理念	存在危害	生态、绿色
设计需求	功能性	精神情感
成果展示	纸质、静态、单一	立体、动态、全面

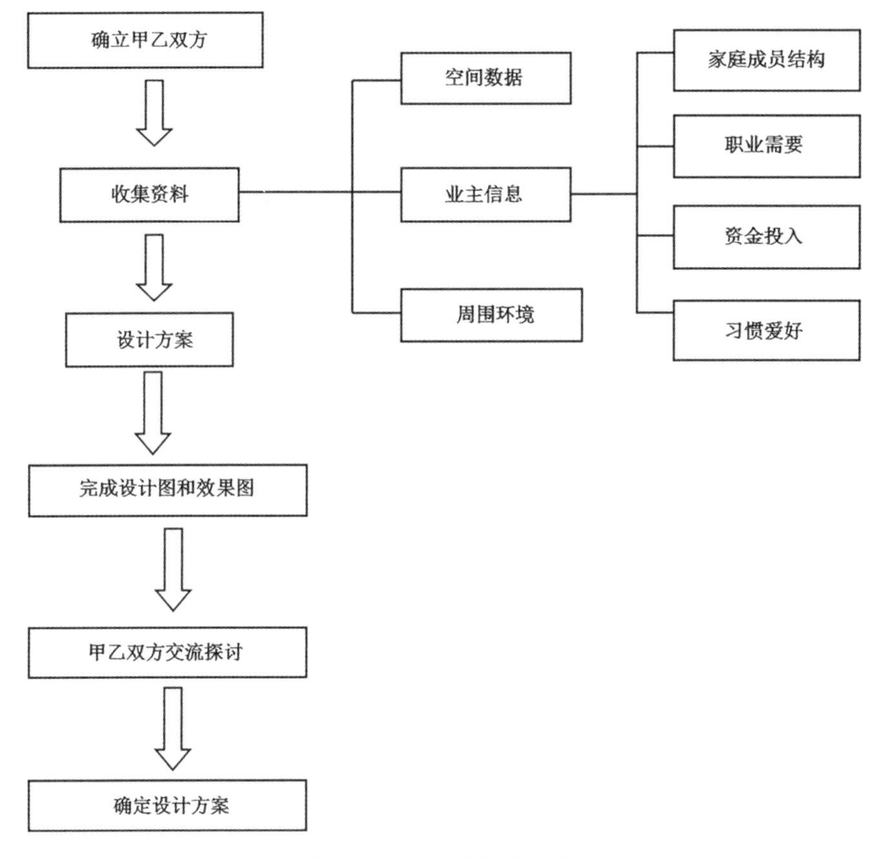

图1 室内环境设计逻辑思路方案

4. 新媒体时代数字化给室内设计艺术带来的拓展和延伸

4.1 数字化为室内设计注入了新的活力，拓展了新的领域

室内设计的数字化应用方便了设计师和公众之间的互动交流，增加了公众参与的积极性和可能性，也使得公众的灵感和创意得以展现。数字化使得设计可以立体、动态展示，增加了公众对室内环境艺术设计的了解，激发了公众的兴趣和参与设计的热情，为室内设计注入了活力。此外，数字化方便了设计作品的宣传，宣传不再局限于纸质媒介，而通过网络以极低的成本、极快的流通速度、更多公众的关注与参与得到更好的宣传。

在应用领域方面，传统的设计仅依靠纸质媒介，而随着网络和数字化的普及，设计作品可以通过手机等电子设备发表传递，增加了室内环境艺术设计作品的表现形式和传播渠道，拓展了室内设计的领域。

4.2 室内设计的动态化实现

数字化的应用改变了设计作品在传统纸质媒介中仅能以静止、单一的形式展现的缺憾，通过 3D Studio MAX、V-Ray 渲染器等数字化的软件，设计作品可以以立体的、生动的动态形式展现，增加了作品的直观性和真实性。比如德国汉诺威世界博览会的“会呼吸的标志”，就是利用当前的数字化技术，使得标志跨越了时间和空间，展现出动态感，体现了“人类—自然—科技”的主体。

4.3 新媒体的移动化方便了室内设计信息的传输

在传统媒体时代，一个信息从媒体的发布到公众的接受往往最短也需要几个小时的时间，如果想要普及或取得一定效果，则需要更长的时间，而在网络普及的新媒体时代，一个信息从发布到接受可能只相差几秒钟，极大地加快了信息的流通传播速度。另一方面，传统信息的发布者与公众是一对多的关系，在数字化的新媒体时代，公众不仅仅可以单方面的接收信息，更可以主动的发布信息，还可以对信息进行评论传播，拓宽信息的渠道和范围，增加了信息的影响力。此外，在互联网信息技术高度发展的今天，数字化的平台越来越方便快捷，如手机等电子设备网络功能的增加，使得人们可以随时随地发布、接收、传播、评价信息，极大方便了室内环境艺术设计相关信息的传输。

4.4 出版的数字化使社会舆论对室内艺术设计关注度增加

在室内环境艺术设计作品的出版方面，传统的书刊报纸等纸质媒体的影响范围有限，使得设计作品只可能被少数人看见，对设计的有效评价和建议也极为有限。数字化的出现，影响了传统的媒体和出版商，为保证自身的发展，使自己不被时代所淘汰，传统的媒体与出版商纷纷选择了向数字化方向创新，或者与数字化媒体合作，因而信息的出版也逐渐开始向数字化发展。数字化的出版模式，使得信息的展现方式越来越多样化，展现范围越来越广阔，比如街道上随处可见的LED屏幕广告，这些都极大的方便了公众对信息的接收和关注，而随着公众对室内艺术设计关注度的上升，也会促进室内艺术设计的发展。

5. 结论

科技的发展促使了网络技术的产生和普及，共同促进了数字化和新媒体的发展，方便了人们的日常生活，室内设计也走上了数字化的道路。室内设计数字化的应用对传统室内设计模式产生了一定的冲击，为室内环境艺术设计带来了挑战和机遇，以及更为广阔的发展前景。室内设计的数字化应用具备许多传统室内设计所不具备的优势，因而迅速为人们所接受。室内设计的数字化发展，要求设计师不仅仅需要丰富的室内环境艺术设计方面的知识，还要求设计师熟练地运用与室内设计相关的软件，了解计算机绘图等的相关知识。此外，室内设计的数字化也方便公众的参与，为室内设计的发展起到了很好的推动作用。

参考文献

[1] 史学卿. 新媒体影响下的平面设计研究[D]. 石家庄：河北师范大学, 2014.

[2] 毕海波. 装潢专业人才培养互动模式探索[J].《美与时代（上）》, 2013.

[3] 杨元高. 室内环境设计数字化表现研究与实现[D]. 济南：山东大学, 2000.

[4] 刘进. 室内外环境设计数字化表现研究[D]. 南京：南京林业大学, 2008.

建筑内部空间细节设计美学

西南民族大学城市规划与建筑学院 许娟

摘要：建筑内部空间设计与我们生活的环境密不可分，宏观经济高速增长，人们除了开始追求更高的质量和更高的经济性，也开始对我们的生活环境和人文美学提出了更多的需求。本文以意大利建筑大师卡洛·斯卡帕的作品为例，从空间规划、自然光、节点设计这三个方面来阐述细节设计的美学运用。

关键词：室内设计 细节设计 设计美学

1. 设计美学对建筑内部空间的影响

当今社会，人文美学已经渗透到了生活的方方面面，衣食住行和我们每天接触的生活产品等，构建着我们对美好品质生活的追求和向往。设计是在创造一种人和物的关系，是建立人对物的认知和交流，从物质到精神层面上的体验和满足。室内环境空间应用现代工艺、技术将美学理念、文化内涵和我们的机能需求等多种元素有机融合，是传播现代生活方式的重要载体，因此理解和运用设计美学可以在个体与共向、事物本身与事物之间关系上认知现代建筑内部空间。

2. 细节设计与美学表现

意大利现代理性主义建筑大师卡洛·斯卡帕（Carlo Scarpa）是20世纪最知名的建筑师之一，是意大利建筑界的殿堂级人物。他毕生致力于一些历史性建筑的修复或扩建等小项目上，充满活力的创意和思想传播着现代艺术空间需求与建筑的共生，为充满装饰的细部设计提供了现代空间对集成视觉传统的艺术化解决途径，其作品流露出的诗意情感用独特的方式阐述对设计的热爱对品质的追求对艺术美学的崇尚之情。

细节设计在卡洛·斯卡帕很多作品中都能被发现，都能成为他作品的亮点和传世之精华，对历史的尊重和对文化传承的最好诠释，是技术和艺术的完美结合。其中，一件20世纪50年代的作品——古堡博物馆改建项目（Castelvecchio, verona, Italy），对空间、光线、材料、节点的细致设计和诠释成为意大利乃至全世界备受瞩目的教科书式案例，成为全世界设计师朝拜的精品设计，项目博物馆也成为游人重要的旅行目的地。

3. 细节设计在建筑内部空间的美学运用

3.1 空间规划

建筑内部空间规划是室内设计的着手点，根据使用功能和设计需求，运用物质化、多样化、立体的、平面的、互相穿插、上下交叉的形式规划，通过设计手段将不同功能空间属性有机结合。在现代建筑内部空间设计中，经济性、高效性又赋予空间规划的调配与组织更高的要求，我们可以看到很多设计案例中空间利用、动线组织往往是现代设计所追求的实用主义的体现，这种空间布局规划方式也符合现代设计主体的客观需求，但是模式化、同质化的空间形态是否能赋予空间情绪和开放的设计思维表达呢？

在古堡博物馆项目中，卡洛·斯卡帕对三层博物馆的空间规划完全摆脱了

图 3

图 1

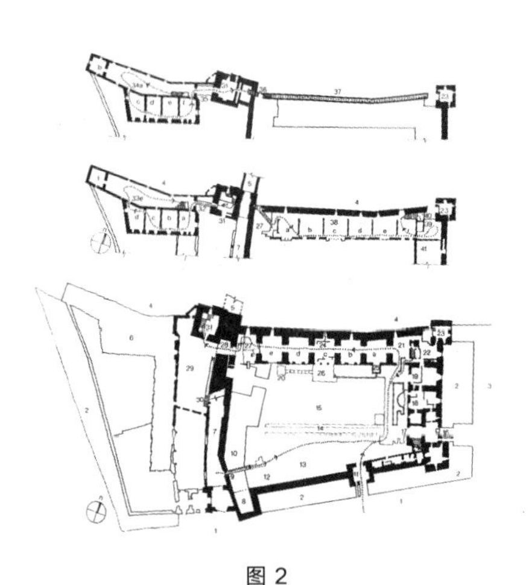
图 2

这种既定模式，我们可以在他作品里看到空间规划逻辑的创新设计和细腻人文的美学体现。

（1）入口即出口（见图1）

古堡博物馆空间在满足其功能性的基础上有足够且合理的空间进行非重复性的动线规划，在这个项目当中卡洛·斯卡帕把入口和出口设计在同一位置，他设计的出发点竟然是因为"门"，他认为好的设计应该重复展现，在他引以为傲的出入口"门"的设计值得再次呈现。在他的作品中对"门"的结构、材质仔细地设计考量，是赋予空间构架的重新思考，是对设计价值充分自信和肯定。

（2）复杂的动线设计（见图2）

意大利美学家、哲学家贝奈戴托·克罗齐（Benedetto Croce）曾说过：人的认知分为两种，一种是逻辑性的，一种是直觉性的；认知不是从现象得来的就是从理智得来的。在卡洛·斯卡帕看来强行将博物馆参观路线变得复杂多变，动线规划从室内到室外的相互穿插，纵向和横向的错综交织旨在让参观者对空间的认知不仅仅是视觉的输入，而是在博物馆的游览过程中打破固有的系统性逻辑性的简单思考，让这种审美体验从心智认知上的起伏停顿，情绪的层层叠加，获取更多审美体验。而直接的、高效的流线组织形式并不能使参观者在空间有更多的停留时间，也并不能带来更多的思考情绪，只能获取逻辑上的参观关系，从审美心理学的角度来讲，违背了审美体验的直觉性原则。因此设计在空间处理手法上的别致用心和细节设置也让参观者能细致地体会建筑、空间、展品的完美融合。

3.2 自然光

光是我们感知事物认知世界的重要组成要素，妥善的光环境处理可以营造更合理、更具有艺术价值的建筑内部空间。建筑内部的光环境包含自然光源和人工光源，利用自然光营造舒适美观的视觉效果，表达空间的理念与品质，承载时空的转换，也是丰富审美体验的重要环节。自然光被广泛运用，他的优点是人工光源不可比拟的。在建筑内部空间设计中，设计师利用自然光的采光形式、光照角度、光照强度，设计结合建筑学、美学、心理学、环境学等多方面知识，使光环境使和室内空间高度融合，达到充盈饱满的视觉体验。

卡洛·斯卡帕非常擅长运用自然光线，他在用光作诗，用光作画，他在使用光的处理形式和手法上可以看到路易斯康的影子。在古堡博物馆改建项目中，他保留了哥特式窗户洞口，但是在洞口的室内一侧新建玻璃和窗框，窗框的划分采取与哥特窗户形

图 4

图 5

式截然不同的蒙特里安式的构图布局，光线从侧面温柔地射进来，充满了戏剧性，古典和现代的对比产生表面张力（见图3、图4）。

在建筑内部空间里，卡洛·斯卡帕对每个空间都做了不同的采光处理来适应不同的展品。其中，第一层展厅摆放着一个塑像，背对着人来的方向，左上方把原有建筑的开窗方式改变，将原有哥特式开窗变为几何形式，使用“点—面—点”光源进入形式（见图5），可以在不同时间的自然光线下呈现雕塑的不同视觉形式。这种手法在现代设计中被广泛借鉴和使用。展品被刻意设置的自然光线赋予了简单形体的神秘、庄严感（见图6），为这一别致的氛围营造、细节设计赞叹不已。

3.3 节点设计

室内设计过程中，总体宏观的视觉性固然重要，但细节节点绝对不容忽视，这些节点有助于室内设计整体风格和独特艺术表现的呈现。节点作为一种连接艺术，在建筑内部空间设计中发挥着极其重要的作用：实现材料的连接，保证结构的稳定性，表现力传递的逻辑性是技术和艺术融合的美学碰撞。

路易·康认为“节点是装饰的起源”，这与卡洛·斯卡帕受到他的影响，将思想属性拉回到最原始的本我状态，使人的情感得到升华净化。卡洛·斯卡帕的建筑事业生涯中，大部分是改造和小型建筑设计，他对于细部的把控信手拈来，对这些建筑空间细节的深刻理解好像是在讲故事，用片段化的建筑展现历史和文脉。卡洛·斯卡帕在这个设计作品中结合了材料和工艺，很多地方的细节节点设计给人独具匠心的感受。我们列举一个小细节，大家可以体会到这种细节之美。

钢板悬挂楼梯的细节设计处理上，钢板栏杆配不锈钢丝绳的结合，大量使用了现代理念和材料，手法极为成熟和简练，设计和加工都有非常高的水平。栏杆到地斜切，只有四五厘米的收口（见图7、图8）。

在上文中，我们以卡洛·斯卡帕的设计作品为例从空间规划、自然光、节点设计这三个方面阐述了细节设计的美学运用，在我们设计工作中很多方面都会涉及细节设计，会运用审美素养把设计作品的整体和细节都统一考量，除了细节的设计之美，还应该有欣赏美的内心。

参考文献

[1] Prof. Robert McCarter, Carlo Scarpa, Phaidon Press Ltd [M], 2016.05.

[2] 郭润滋. 卡洛·斯卡帕建筑作品中的美学思想[J/OL]. 建筑知识，1-3（2017-09-26）.

图 6

图 7

图 8

成都民俗文化在乡村民宿设计中的应用

西南民族大学城市规划与建筑学院 **田野**

摘要：民宿是旅游地居民利用自己闲置的居住空间，为游客提供体验当地生活的场所。在世界各地，不同的地域文化造就了多样化的民宿设计风貌。本文以乡村民宿设计和成都地域文化之间的关系为基础，讨论了将成都民俗文化融入乡村民宿设计的必要性，并对地域文化背景下如何将成都民俗文化应用于乡村民宿设计提出了想法和建议，为进一步推动乡村民宿的设计与发展提供了可借鉴的理论方法，最终达到塑造成都本土民宿品牌和推动乡村旅游发展的目的。

关键词：民宿设计 成都民俗文化 地域文化 乡村旅游

近年来，随着成都市旅游市场人气的持续升温，到成都旅行住宿的方式也正在悄然发生改变，许多游客不再一味地选择旅馆、酒店，而是选择民宿短租。网络时代和自驾游的普及，加之现代城市人口激增，生活压力加大且环境污染严重，这些都是推动乡村民宿发展的重要原因。那么在此形势下，如何设计出具有成都地域文化特色的民宿，并将传统建筑与现代生活设施巧妙地结合起来，以带给游客功能性、艺术性、文化性的多重体验，或许是成都地区民宿设计与发展可以进行思考与讨论的一个问题。

1. 成都民宿设计中民俗文化的形成

民宿是与当地环境、文化以及空间融为一体的，并依托当地居民的生产生活方式而形成，与当地的环境、地形、风貌高度统一，并能体现出当地的文化特色。每个地区的自然风光和风土人情都有所不同，所以呈现出来的民俗文化也各有特色。据统计，截至2016年12月底，成都市所辖范围内民宿数量总计约2532家，其中传统民宿达2416家，占民宿总数的95.42%。具有现代意义的民宿约116家，只占民宿总数的4.58%。

由此可以看出民宿设计者在设计民宿时最注重的是地域文化，更多的需要通过民宿设计来展现当地文化习俗、生产方式、生活习惯等民间传统的生产生活特征，让游客体验到与自己所在地不同的新奇感。一旦游客对当地民俗文化与生活方式产生认同，便会成为这个地区的旅游回头客。例如上海的民宿以历史古韵为特征，可以让游客真切地感受到历史的变迁；杭州的民宿以古朴自然见长，可以让游客远离城市生活的喧嚣；而成都的民宿又以其休闲惬意的成都“慢”生活吸引着越来越多的游客，享受安逸的“慢”生活所带来的惬意与舒适。

2. 成都民俗文化引入乡村民宿设计中的意义

2.1 对乡村旅游的意义

目前，成都周边乡村民宿多为赏景度假型民宿和现代休闲民宿，如素舍客栈、闲来客栈、安隅小院、上院精品民宿、拾忆民宿、青城山外山庄、好久不见客栈、隐约民宿等，而对民风民俗资源开发的重视程度稍显不足。乡村民宿的开发缺乏文化内涵，地域特色文化不突出。旅游的根本是文化，挖掘出独具特色的文化是做好旅游的基本条件，而民宿作为乡村旅游的重要载体，直接关系到乡村旅游的发展水平。同时将适合本土特色的民俗文化应用于乡村民宿的设计中，有利于打造具有地域民俗特色的民宿品牌，进而依据民宿特色衍生出乡村旅游的次市场，也就是我们常说的：逐渐让民宿成为旅游目的地。

文化因素的引入也显得至关重要，只有扎根本土，挖掘当地的文化内涵，突出乡村特点，才能实现乡村民宿的长足发展。民俗文化也将作为乡村旅游发展的重要文化因素，将民间文化的精髓扎根乡村，成为带动成都乡村旅游经济增长的重要手段。同时融入民俗文化元素可以增强民宿的文化内涵和艺术品位，吸引到更多游客，从而提高乡村旅游品牌的辨识度，这对乡村旅游经济的可持续发展具有重要意义。

2.2 对乡村民宿以及民俗文化自身的意义

现代工业社会的快速发展，使都市人对乡土文化产生强烈的回归情愫。这种回归不是单纯的地理空间意义上的乡愁，而是对快速、嘈杂、现代化城市生活的一种逆反。地域文化是民宿设计的灵魂。因此，在进行民宿设计时，无论是建筑外观，还是室内装修设计部分都要充分结合当地文化特色，体现主人的创意和心意。

乡村民宿对民俗文化的意义具体表现为以下两个方面：① 保护当地文物古迹；② 保护和传承当地特色文化。首先，对比现代民宿，成都周边一些原生的乡村民宿文化内涵更丰富，这必然会激发有关部门与当地居民对一些老房旧址、民间物品与风俗习惯的保留与维护，从而有利于当地民俗文化得到保护与传承；其次民宿不仅是一种物质实体，更是文化载体，有着丰厚的文化底蕴。在民宿设计中融入地域文化可以让当地的民俗文化得到更有效的保护和传承。

3. 乡村民宿设计与成都民俗文化之间的关系

乡村民宿是指结合当地乡村的生态环境、人文习俗、自然景观和农林牧渔生产活动等资源，利用农民自有住宅闲置房间，配备以必要的食宿条件与生活设施，并注入主题内容和当地民俗文化内涵，为向往乡村生活的游客提供一种贴近自然回归质朴的旅游住宿场所，也被称为是农家乐的“升级版”。与一般的酒店、住宅、旅舍相比，乡村民宿最明显的特征在于由内而外散发着浓厚的地域民俗文化特征。

享有“天府之国”美誉的成都，因其历史悠久，文化底蕴深厚，有着包含工艺、建筑、装饰、饮食、节日、戏曲、歌舞、绘画、音乐等具有当地特色的民俗文化。而这些民俗文化，是几千年来成都居民在生产生活过程中逐渐形成的一系列物质、精神文化现象。它依附着民众的生活、情感与信仰而存在，是一方土地的血脉和灵魂。也体现在当地包含民宿设计在内的方方面面之中。

乡村民宿是成都地区民俗文化的一种载体，民俗文化则是乡村民宿设计的灵魂。只有将成都民俗文化巧妙地融入当地乡村民宿设计中，才能赋予民宿以新的文化生命力与感染力。反过来，民宿的设计与发展也有利于对成都当地民俗文化的发掘、保护和传承，同时也有利于中华民族精神家园的重建。二者和谐共生、相互促进、共同发展。

4. 成都民俗文化引入乡村民宿设计的策略

乡村民宿是以当地环境、地形和风貌为依托，以当地地域文化为灵魂建立起来的一种风格特征明显、文化底蕴深厚的酒店空间。所以乡村民宿设计不能仅仅围绕功能展开，更应该设计营造出一种独有的文化价值和生活体验。但是，当前很多乡村民宿的设计师对民宿设计的内涵不甚了解，过度使用现代建筑模式，突出民宿的酒店功能设计，导致成都地区周边乡村民宿同质化现象非常严重。就此现状，笔者对成都民俗文化引入乡村民宿设计，进行了简要的分析梳理，并提出了相应的设计基本原则与方法。

4.1 基本原则

（1）环境保护与整体规划原则

乡村民宿的消费群体更多的是为了

体验历史文化或感受生态环境等目的，很少有游客单纯为了住宿而选择消费乡村民宿。那么当地的自然生态环境与人文状态就显得尤为重要，所以乡村民宿的设计首先要以生态保护为原则，需要我们在设计、建造时把对当地生态环境的污染与人文环境的破坏降到最低，严格遵循可持续的设计理念。其次，乡村民宿是建立在美丽乡村建设背景下的一个细小分支，所以在做乡村民宿设计时要有整体规划的全局意识，以当地土地利用总体规划和旅游产业发展规划为指导，合理布局，体现民宿的特色。

（2）彰显地域文化原则

乡村的最根本属性就是自然性，而回归乡村实际上是对富有民俗文化内涵的乡村意象的向往，民俗文化具有不同的地域特色。可见将地域文化融入民宿设计中并不是设计师偶然的灵感，而是有着很大的现实必要性的。所以在乡村民宿的设计中应遵循彰显当地的地域文化的原则。

4.2 设计方法

（1）提炼成都地区民俗文化特色，加强内涵文化塑造

成都地区乡村民宿的发展，首先可以依托成都现有的特色乡村旅游模式，将乡村民宿的设计与当地的民俗文化结合起来，再通过特色民宿的发展带动乡村旅游区域特色的形成，从而刺激当地的经济发展。其次在建设民宿品牌的过程中，应充分发挥政府或组织机构的引导作用，遵循区域乡村民宿的整体特色理念，在乡村民宿的设计中通过将优秀的传统民风习俗、思维意识、民间艺术体现在乡村民宿的建筑形态、家具陈设、色彩材质中，例如将川剧脸谱、盖碗茶、休闲文化、竹文化、熊猫文化、建筑及饮食文化等民俗文化符号提炼出来，从而设计出具有成都地域文化特征的民宿，使乡村民宿更具文化性和艺术性。

（2）做好民宿的前期规划，强化整体的设计理念

成都地区乡村民宿的设计目前主要存在两方面的问题：一是设计破坏了乡村的前期规划与整体风貌；二是脱离了乡村生活环境，没有考虑到当地民俗文化内涵。乡村民宿要想实现长足发展，必须遵循乡村的整体设计规划，让民宿的设计根植于当地文化，与当地人文和自然环境相融合，从而体现乡村民宿的本质。

在乡村民宿的设计上，可依据成都地域文化特征划分出几大民俗文化区域，从民宿的景观环境、建筑设计、室内陈设、民俗产品开发等方面全面展现民俗文化的内涵，营造出原汁原味的本土乡村民宿生活环境。

（3）开发民俗文化产品，提升民宿旅游服务体验

目前，制约乡村民宿发展的很重要的一个因素就是产品比较单一，所以将民俗文化引入民宿设计中，不仅仅是特色环境的打造，还可以开发民俗旅游产品。当地美食、戏剧、文化创意手工与绿色农副产品，既能丰富乡村民宿的旅游体验，更提升了民宿的文化附加值。同时，也能够带动传统农业、传统手工艺、传统演艺事业等其他乡村旅游配套服务的发展，为实现乡村旅游的深度开发提供思路。

在民俗旅游产品的配套开发上，一方面可以结合民宿所在村落的环境进行传统民俗文化现象的体验开发，如农民生产劳动体验、生活方式体验和传统民间艺术体验等；另一方面，可以进行民俗文化教育体验开发，通过普及民众教育、承办博物展览等多种方式，呼吁人们参与传统文化保护，从而提高民宿的文化高度。

（4）拓展民俗文化体验形式，做好民宿宣传推广

游客对于乡村民宿的体验是一个完整的过程，从前置体验（民宿的了解与选择），到在地体验（民宿的入住与体验），再到延展体验（民宿的反馈与宣传），这三个环节会形成游客对民宿项目的完整认知。但目前大多民宿设计只注重在地体验阶段民俗文化与民宿的结合，而忽视了在前置体验和延展体验阶段对民俗文化的开发。民俗文化具有深厚的文化底蕴与丰富的表现形式，仅靠游客的现场体验无法完整地展示民俗文化的魅力，也无法全面地体验民宿项目的文化内涵。因此，做好民宿项目的前期文化宣传和后续体验服务必将成为民宿项目发展中的重要竞争力。

总结

综上所述，乡村民宿设计与民俗文化传播是相互影响、相互联系的。鲜明的地域文化为民宿设计注入了生命力与活力，反过来民宿设计又能够有效地推动地域文化的传承与发展。因此，未来的乡村民宿设计要严格遵循生态、人文环境保护与整体规划原则，同时努力做到彰显地域文化特征的原则。归根结底，地域民俗文化正在民宿的设计中逐渐崭露头角并逐渐成为民宿设计的主导因素。

参考文献

[1] 周艳. 探讨中国内地原生民宿存在的问题及解决办法 [J]. 华章，2012（29）.

[2] 王显成. 我国乡村旅游中民宿发展状况与对策研究［J］. 乐山师范学院学报，2009（06）.

[3] 徐亚, 谢乐. 地域文化背景下的民宿空间设计研究［J］. 建材与装饰, 2017(36).

[4] 普片. 藏区民宿品牌体验对顾客行为意向的影响研究［D］. 杭州：浙江大学，2015.

[5] 赵菁. 浅谈当代民宿设计的特点与发展趋势[J]. 艺术与设计(理论), 2017(02).

[6] 黄小蕾. 山东民俗文化在乡村旅游民宿设计中的应用研究[J]. 艺术科技，2017(08).

04

写生作品

SKETCHES

作品名：丹巴藏寨——写生作品

学生姓名：郭佳艺　指导老师：刘丹白

作品名：丹巴藏寨——写生作品

学生姓名：刘思　指导老师：刘丹白

作品名：丹巴藏寨——写牛作品

学生姓名：马成　指导老师：刘丹白

作品名：丹巴藏寨——写生作品

学生姓名：游超奕　指导老师：刘丹白

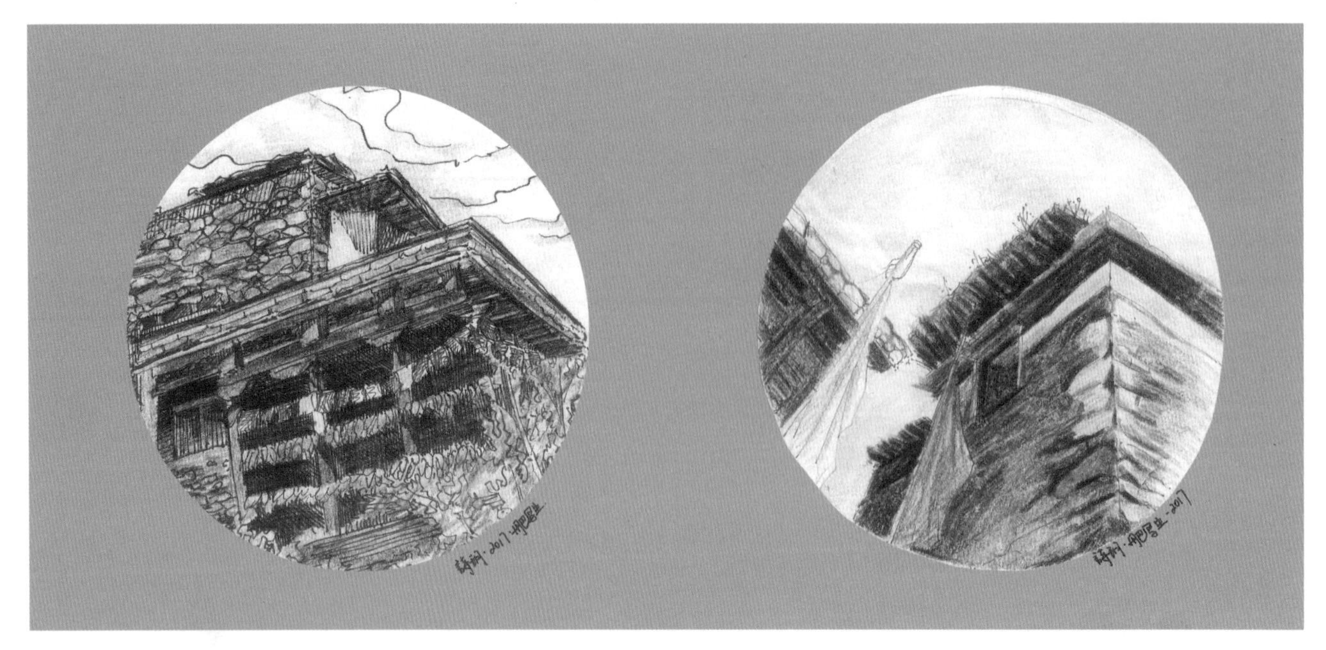

作品名：丹巴藏寨——写生作品

学生姓名：张诗玥　指导老师：刘丹白

作品名：丹巴藏寨——写生作品
学生姓名：侯博 朱嘉珺 指导老师：刘丹白

作品名：丹巴藏寨——写生作品
学生姓名：温宇　指导老师：肖洲

作品名：丹巴藏寨——写生作品

学生姓名：邓丛宏 谢各各　指导老师：肖洲

作品名：丹巴藏寨——写生作品 | 学生姓名：王宇杰　指导老师：肖洲

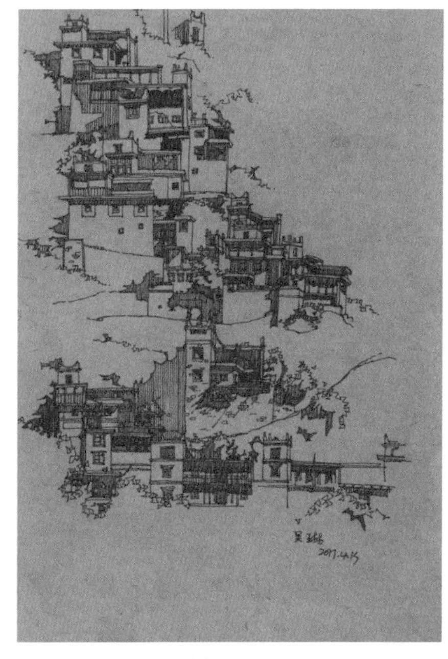

作品名：丹巴藏寨——写生作品 | 学生姓名：吴琳　指导老师：肖洲

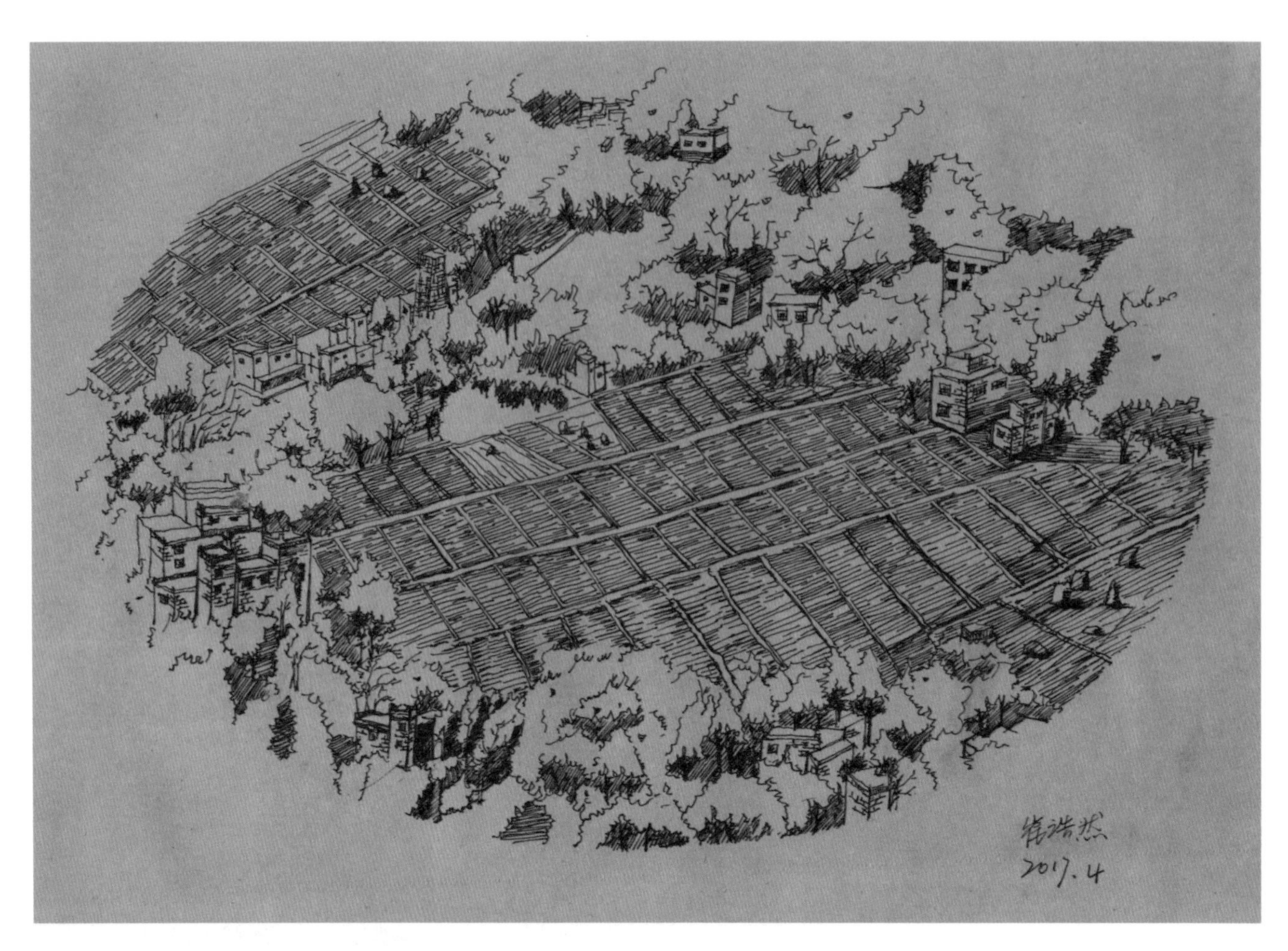

作品名：丹巴藏寨——写生作品 | 学生姓名：崔浩然 温宇 指导老师：肖洲

作品名：丹巴藏寨——写生作品 | 学生姓名：潘永明 王宇杰　指导老师：肖洲

作品名：丹巴藏寨——写生作品 | 学生姓名：梁志鹏　指导老师：徐莉

作品名：丹巴藏寨——写生作品 | 学生姓名：张义政 韦孔超 指导老师：徐莉

作品名：丹巴藏寨——写生作品 | 学生姓名：陈云　指导老师：徐莉

作品名：丹巴藏寨——写生作品 | 学生姓名：陈云 邱则男 指导老师：徐莉

作品名：丹巴藏寨——写生作品 | 学生姓名：杜江飞　指导老师：徐莉

作品名：丹巴藏寨——写生作品 | 学生姓名：任涛　指导老师：徐莉

作品名：丹巴藏寨——写生作品 | 学生姓名：张元帅 郭玉杰　指导老师：洪樱

作品名：丹巴藏寨——写生作品 | 学生姓名：尚悦 李丹 指导老师：洪樱

作品名：丹巴藏寨——写生作品 | 学生姓名：李丹 张岩松 李咪 尚悦　指导老师：洪樱

作品名：丹巴藏寨——写生作品 | 学生姓名：何海霞 龙培　指导老师：洪樱

作品名：丹巴藏寨——写生作品 | 学生姓名：李慧 白喆 指导老师：洪樱